________________ 님께 이 책을 드립니다.

유럽을 그리다

유럽을 그리다

글·그림 배종훈

꿈의지도

Prologue

기억은 시간이 지나면 차츰 흐려지고, 지워지고, 조각이 납니다. 처음에는 별 것 아닌 향기와 스쳐 지나간 풍경도 너무나 생생하게 기억합니다. 하지만 시간이 지나면 기억은 조금씩 쪼개져 망각이라는 다락방으로 들어가 쌓입니다. 그것도 아주 뒤죽박죽으로요. 여행의 기억도 마찬가지입니다. 아름다운 경치도 혀를 녹이던 요리도, 멋진 음악도 점차 어둠 속으로 들어가 아득해집니다. 그러다 과거의 기억과 연결된 요소를 일상에서 마주치거나 지난 여행이 그리워 자신의 머릿속 기억 터널을 일부러 통과해야만 찾아갈 수 있습니다.

여행은 삶에 있어 작은 판타지입니다. 먹고사는 생활을 위해 필요한 일들을 잠시 멈추고 꿈꾸던 비현실적 삶을 살 수 있습니다. 늦잠을 자고 서두르지 않으며 맛있는 음식을 먹거나, 노천카페에 앉아 커피를 마시며 행인들을 구경하기도 합니다. 또 아무 것도 하지 않을 자유를 선택할 수도 있습니다. 여행 기간에는 일상의 시간이 일시 정지 됩니다. 또 평소의 자신이 아닌 다른 사람으로 살아볼 수도 있습니다. 하지만 여행은 반드시 끝이 있습니다. 어쩌면 여행이 미치도록 아름다운 판타지인 이유가 끝이 있기 때문일지도 모릅니다.

그럼 사랑은 어떨까요? 어떻게 보면 그 모습이 어딘가 여행과 비슷하지 않나요? 여행에 대한 희망을 꿈꾸며 사는 것 같이 우리는 늘 아름답고 숨이 멎을 것 같은 사랑을 꿈꾸며 살고 있습니다. 여행지에서 자신이 아닌 다른 사람으로 살아가는 것처럼 사랑을 하면 평소의 자신과는 다른 사람으로 변하고 연인에게는 한없이 관대하고 열정적이며 미래에 대한 희망을 품게 되죠. 하지만 가슴 절절한 사랑이라는 판타지도 시간이 지나면 결국 막이 내립니다. 이 역시 제한된 시간이 있어 더욱 가슴 저리고 아름답습니다.

이렇게 끝이 난 여행과 사랑에 대한 판타지는 그리움으로 바뀌어서 저장
됩니다. 파리 센강에서 보낸 한여름 밤을 추억하고, 가슴 아팠던 이십대 초반
의 첫사랑을 그리워하게 됩니다.

저는 기억의 터널이 모두 닫히기 전에 그 순간을 오래 정지해 두고 싶은
마음으로 그림을 그리고 글을 씁니다. 이제는 인상적인 부분만 떠오르고 많은
부분은 여백으로 채워지고 있지만 그 여백 안에는 애틋한 사람과 사랑, 그리
움, 외로움, 행복, 슬픔 등이 가득합니다.

제 그림과 이야기를 통해 여러분의 가슴에 저장되어 점차 사라져가는
기억을 더 오래 붙잡아두는 시간이 되었으면 좋겠습니다.

2015.12. 배종훈

CONTENTS

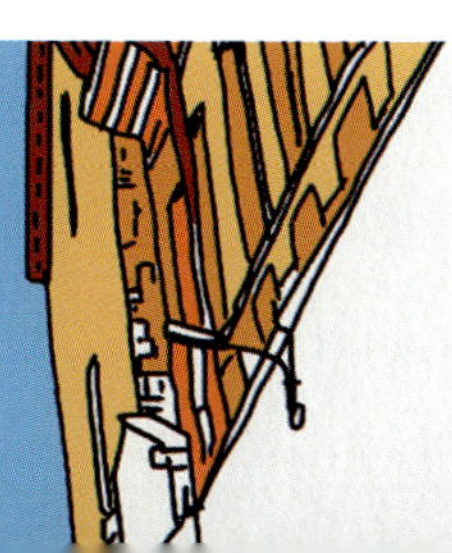

CONTENTS

01
생의 절반

덜컹!

비행기의 요동이 심하다. 예정된 원고작업과 일들을 오늘 새벽에야 마치고 비행기를 탔다. 출발의 설렘보다 밀린 잠이 더 강렬해서 이륙하자마자 잠에 빠져들었다가 심한 기류 때문에 퍼뜩 정신이 들었다. 참 오랜만에 달게 잤다. 비행기는 중국 상공을 날고 있다. 반복적이고 찌릿한 에어타임 때문에 나도 모르게 허벅지와 팔걸이를 잡은 손에 힘이 들어갔다. 그리고 바로 '추락'이라는 글자가 머릿속에 가득해졌다.

이 흔들림에서 나는 죽음과 삶을 생각한다. 죽고 싶지 않지만 삶도 녹록치는 않다. 미치도록 살고 싶지도 않지만 아직은 죽음이 두렵다.

내 생의 절반이 어디인지 모르지만 이번 여행이 대충 그 중간인 것 같다. 새로운 시작을 위해서가 아니라, 너무 무거워진 생의 기억들을 덜어내려고 간다. 새로운 것을 담기 위해서는 버리는 시간이 필요하니까.

그리움은 창 밖에_19cm x 24cm

02
어떤 인연

경유지인 중국에서 비행기를 옮겨 탔다. 오른쪽 옆자리에 대학생처럼 보이는 앳된 얼굴의 한국인이 있다. 프랑스 여행책자가 앞좌석 등받이에 꽂힌 걸 보니 그녀의 여행지도 우선은 프랑스인 것 같다. 낯선 이와 오랜 시간 동안 좁은 의자에 나란히 앉아 팔걸이를 공유하며 갈 때, 적절한 타이밍에 말을 걸지 못하면 참으로 어색한 시간을 보내야 한다. 하지만 나 역시 처음 보는 사람에게 넙죽 말을 거는 편이 못 된다. 특히 그녀처럼 매력적인 사람에게 먼저 말을 걸기 위해서는 더 큰 용기가 필요하다. 출발한 지 여섯 시간이나 흐르고 나서야 겨우 어색한 한 마디를 건넸다. 이미 어색해질 대로 어색해진 끝에야.

"프랑스를 여행하실 계획인가 봐요? 저도 여행가는 중이거든요."

"아, 네. 첫 유럽여행이라 두근거리는데 비행기가 흔들려서 더 떨리네요."

그녀의 목소리는 정말로 살짝 떨리는 듯 했다.

"후훗! 정말요."

"파리에 도착하면 어디로 가세요?"

그녀가 물었다.

"일단은 프랑스 남부 프로방스 지방을 여행할 생각으로 왔어요. 자동차 렌트해서. 전 고흐를 좋아하거든요. 고흐가 사랑했던 아를에도 가고 싶고, 오베르에도 가보고 싶어요."

"어머? 저도 모리스 피알라 감독의 〈반 고흐〉 영화 보고 오베르에 가보고 싶었는데……. 그 영화는 고흐가 요양하러 오베르에 오면서 시작하잖아요."

"자크 뒤트롱이 주연했던 그 영화 아세요? 고흐가 죽기 전 67일간의 기록을 담은 영화…… 그거 꽤 옛날 영화인데?"

"저도 고흐를 좋아해서요. 예술극장에서 찾아봤어요. 빈센트 반 고흐의 책이랑 영화는 대부분 사 모으고 봤던 편이에요. 히힛!"

어색했던 옆자리 여자가 갑자기 십년지기 친구처럼 가깝게 느껴졌다. 같은 여행자라는 것과 고흐를 좋아한다는 이유만으로.

"저랑 비슷하시네요. 그림을 그리다보면 늘 고흐가 떠올라요. 살아서는 지독히도 가난했고, 인정받지 못했던 화가였던 고흐는 얼마나 외롭고 불행했을까……."

"그림 그리시는 분이세요?"

"그냥, 조금씩 그려요."

"살아서는 단 한 점밖에 팔리지 않았으니……. 팔리지도 않는 그림을 죽기

살기로 그려냈던 고흐는 얼마나 힘들었겠어요. '내 그림이 팔리지 않는 것은 나도 어쩔 수 없다. 하지만 사람들이 언젠가는 내 그림의 가치를 깨닫는 날이 오게 될 것이다. 내 그림이 돈으로 따질 수 있는 것보다 훨씬 더 많은 가치를 지니고 있다는 사실을.' 이 말이 동생 테오에게 썼던 편지에 나오죠?"

"영혼의 편지. 오베르의 고흐 무덤에 가서 술 한 잔 따라주고 싶어요. 당신의 그림은 괜찮았다고."

"후후후! 비행기 안에서 또 고흐 제사 지내시는 분 만났네요."

우리는 고흐의 이야기로 시간가는 줄 몰랐다. 보통의 대화란 '제가 고흐를 좋아해요.' 그러면, '아 정말요?' 혹은 '아 그러시구나.' 정도에서 끝난다. 아니면 '아, 저도 좋아해요.' 정도의 맞장구가 최선이다. 더 이상 대화가 진전되는 경우는 거의 없다. 그런데 그녀와는 달랐다. 고흐의 이야기가 영화 이야기로, 영화 이야기가 책 이야기로 넘어가고, 다시 그림과 꿈과 예술 이야기로 나아갔다. 처음 만난 사람과 이렇게 빠른 시간에 많은 이야기를 나눌 수도 있는 건가? 처음 겪는 일이라, 난 조금 당혹스러웠다. 그러나 기분 좋은 당혹감이었다.

에펠탑_프랑스 파리

“도착하면 저녁이라 공항 근처 호텔에서 하루 묵고 출발하거나 별로 피곤하지 않으면 그냥 가는 데까지 남쪽으로 내려갈 생각도 있어요.”

“와, 렌터카로 그 멀리까지 혼자서요?”

“네. 짐 끌고 기차 타고 지하철 타고 다닐 생각하니 막막하기도 하고요. 제가 가고 싶은 곳을 편하게 다니기엔 대중교통이 쉽지 않겠더라고요. 자유롭기도 하고. 유레일패스, 대중교통 비용 합친 거랑 별 차이도 없고 해서요.”

“그래도 대단하시네요. 혼자서 자동차 여행! 멋있어요.”

“아직 제대로 시작되지도 않았는데 벌써부터 조금씩 걱정이 됩니다. 아, 그러고 보니 파리에 도착하면 밤 11시가 넘을 텐데, 숙소는요?”

“에어비앤비로 숙소를 예약해 뒀는데, 약간 걱정이에요. 너무 늦어지면 택시를 타야 할 것 같기도 하고. 우선 내려서 대중교통을 확인해 봐야죠.”

어색한 침묵을 깨고 나눈 대화. 이름도, 나이도 모르지만 상관없는 사이. 비행기 안에서 그저 잠깐 옆자리에 앉은 인연. 여행은 이렇게 수없이 많은, 그러나 짧은 인연들로 채워진다. 아주 가끔은 그 짧은 인연이 매우 특별한 시작이 되기도 한다.

03
비 내리는 파리 샤를드골 공항

"이제 거의 도착했네요. 파리는 비가 오나 봐요. 겨울에 비오는 날이 많다던데. 지난번에 오셨을 때는 어땠어요?

"그때도 파리에는 비가 왔어요."

절친한 친구와 함께 했던 오랜 배낭여행. 그 여행의 마지막 장소가 파리였다. 아, 파리! 사는 동안 우리는 얼마나 많은 영화와 사진을 통해 파리를 만나왔는가. 얼마나 아름답고 낭만적인 파리를 꿈꿔왔는가. 파리에 대한 막연한 동경은 도착하기 전부터 마음을 설레게 했다. 화려하고 따뜻하며, 여유롭고, 세련된 환상의 파리. 하지만 기대감이 너무 컸던 탓일까? 현실에서 만난 파리의 모습은 조금 실망스러웠다. 너무 긴 여행을 마치고 온 탓도 있었으리라. 구름이 잔뜩 끼어 햇빛은 찾아볼 수도 없고, 하늘에서는 부슬부슬 비마저 내렸다. 이상과 현실의 어긋남은 들뜬 여행자의 마음을 한 순간에 무너뜨렸다. 오랜 시간동안 부딪힐 만큼 부딪혀왔다고 생각했던 친구였다. 그러나 몸도 마음도 지쳐버린 우리는 아주 사소한 말다툼 하나로 갈라서고 말았다. 에펠탑 앞에서 서로 다른 방향으로 돌아서서 걸었던 기억. 낯선 여행지에서 몸도 마음도 지쳤을 때, 끝까지 서로를 보듬어내기란 얼마나 어려운가.

그날 비 내리는 파리에서 나는 혼자 하염없이 비를 맞으며 걸었다. 비오는 파리도, 친구와의 헤어짐도 나는 단 한 번도 상상하지 못했던 일이었다. 뜻밖의 상황에서 내가 할 수 있는 건 오직 걷는 것뿐이었다. 타국의 차갑고 낯선 공기 속에서 혼자 비 맞으며 터벅터벅 얼마를 걸었을까. 결국 나는 서둘러 도망치듯 파리를 빠져나왔다.

8년 전 그때처럼 샤를드골 공항에는 비가 내리고 있었다. 심한 연착으로 시간은 이미 예상보다 훨씬 늦어 있었다. 을씨년스런 유럽의 겨울이 더욱 우울해 보였다. 비행기에서 내릴 때가 다가오자 우리의 대화는 다시 서먹해졌다. 내리고 나면 전혀 몰랐던 사람처럼 다시 돌아서야 하니까. 눈인사만으로도 충분한 사이가 되어버릴 테니까. 꼬치꼬치 이후의 행선지에 대해 캐물을 수도, 그렇다고 질문을 하지 않을 수도 없는 조심스런 마음 때문에 그녀와의 대화는 종종 끊어졌다 이어졌다를 반복했다. 그 어색한 침묵과 침묵 사이를 부산스런 짐정리로 메워 보려 했지만 쉽지 않았다. 나는 기체가 착륙을 마치자마자 인사도 하는 둥 마는 둥 출국장으로 빠져나왔다.

　　프랑스어와 영어를 함께 쓴 공항 안내판을 보자 드디어 파리에 도착했다는 안도감이 잠시 스쳤다. 어서 수하물을 찾고 예약한 렌터카를 인수해, 복잡하고 분주한 풍경에서 빠져나가고 싶었다. 그래야 고대하던 프랑스에 발을 디딘 게 제대로 실감날 테니까. 내 짐은 금방 나오지 않았다. 같은 가방이 몇 번이나 내 앞을 지나고 나서야 새로운 캐리어들이 쏟아져 나왔다. 기둥을 따라 돌아가는 컨베이어 너머로 그녀의 모습도 보였다. 무표정한 그녀가 계속 신경 쓰였지만 다시 다가가 말을 걸기도 마뜩찮았다. 나는 그저 내 짐을 찾는 척하며 가끔 곁눈질을 할 뿐이었다. 한참이 지나서야 내 가방이 나왔다. 나는 얼른 카메라 가방에서 렌터카 바우처와 면허증을 찾고 짐을 정리했다. 그 사이 그녀는 사라져 더 이상 보이지 않았다.

톰톰_프랑스 파리

　렌터카를 인수하는 과정은 걱정과는 달리 간단했다. 담당직원은 예약 바우처와 국제면허증을 제출하니 확인 후 바로 자동차 열쇠를 포함한 각종 서류가 담긴 봉투를 건네준다. 좋은 여행이 되라는 인사를 얹어서. 비 내리는 밤, 공항에서 사람들은 저마다 종종걸음이다. 공항을 빠져나가 제각각 집으로, 숙소로 돌아가야 한다. 더 비가 쏟아지기 전에, 더 밤이 깊어지기 전에. 나도 부랴부랴 렌터카 주차장으로 향했다. 그런데 가던 중에 다시 그녀를 보았다. 그녀는 터미널로 가는 의자에 혼자 앉아 있었다. 이번에는 망설이지 않고 그녀에게 다가갔다.

　"파리에 있는 숙소로 간다고 하지 않았어요?"
　"아, 네. 어떻게 가야 할까 생각 중이에요. 너무 연착을 해서 대중교통이 여의치 않네요. 비도 내리고요. 게다가 문제가 좀 생겼어요. 제 짐이 경유지에 있어서 내일 저녁에나 여기로 온대요. 시작부터 여행이 꼬이네요. 중요한 물건들이 다 그 짐 속에 있는데……. 너무 난감해서 멍해요, 지금. 아참! 자동차 렌트는 잘하셨어요?"

“아, 그런 일이 가끔 있더라고요. 흠…… 이 시간에 택시 말고는 시내로 들어갈 방법이 없어 보이는데, 제 차로 가는 건 어때요? 네비게이션도 있어서 주소만 알면 찾을 수 있을 거예요.”

“정말요? 그럼 저야 너무 좋죠. 택시비를 드릴까요?”

“에이, 택시비라뇨? 무슨! 비행기에서 인사도 했고, 밤도 너무 늦었고, 캐리어 문제도 있고, 또 우린 고흐를 사랑하는 한국인이고 게다가 비도 오니까요.”

“네, 비가 내리죠. 정말 너무 감사드려요.”

“감사 인사는 목적지에 안전하게 도착하거든 하세요. 저도 파리 운전은 처음이라서요. 어떻게 될지 몰라요. 하하하. 렌터카는 2층 주차장에 있대요. 어서 가요.”

04

푸조 안에서

배정받은 렌터카는 푸조였다. 외산 자동차를 운전해 볼 수 있는 즐거움도 내가 이 여행을 기대한 이유 중 하나다. 백미러와 사이드미러의 각도를 조절하고, 시트의 높이를 맞추고 첫 시동을 걸었다. 가슴이 살짝 두근거렸다. 잘 할 수 있겠지.

하지만 공항 주차장을 빠져 나가는 일도 쉽지 않았다. 2층 주차장에서 빠져 나와 공항건물을 에워싼 도로를 달리다 다시 주차장으로 진입하기를 세 번. 겨우 겨우 외부로 나가는 도로에 오를 수 있었다.

파리 시내로 들어가는 고속도로에 진입했지만 세차게 내리는 비로 시야가 너무 나빴다. 서울에서 내 차로 운전하듯 편안하게 하자고 아무리 마음을 다스려도 등에는 어느새 식은땀이 잔뜩 맺혔다. 지독하게 긴장하고 있다는 증거였다. 차 안에도 침묵과 긴장감이 가득 차 있었다. 그녀도 긴장을 누그러뜨려야겠다고 생각했는지 입을 열었다.

"비가 만만치 않게 내리네요."

"그러게요. 아무래도 저는 비 내리는 파리와 악연이 있나 봐요. 그때도 오늘처럼 비가 많이 내렸거든요. 나는 햇빛이 가루처럼 쏟아지는 센강을 늘 상상해요. 근데 8년이 지난 오늘도 그 상상이 또 여지없이 깨지는군요."

"저도요. 파리는 모든 순간이 다 그림처럼 아름다울 줄 알았는데…… 오늘은 좀 아니네요. 공항도 파리에 포함되는 거죠?"

그녀는 잠시 웃었다.

"8년 전 그때 파리 북역에 도착한 첫 느낌은 너무 엉망이었어요. 거리의 쓰레기, 부랑자들, 바퀴가 고장난 캐리어, 예약이 제대로 되지 않은 한인민박, 좁고 지저분한 공동객실은 정말 최악이었어요. 게다가 파리 전체를 물에 불려 놓을 것처럼 쏟아지는 비까지! 진짜 누구라도 걸리면 시비 걸어 싸움이라도 한판 하고 싶게 만들었어요. 폭발이 진리인 순간이었죠."

"그리고 아까 이야기해 준 그 절친과 다툼까지 생겼고요?"

"흐흐 네, 맞아요."

홀로 고독하게, 멋있게 유럽을 여행하겠노라 왔다가 잠시나마 동행이 생겼다. 여행이란 얼마나 예측불허인가. 낯선 땅, 낯선 자동차, 어색한 한국어 발음의 네비게이션, 정신없는 도로와 교통체계, 수면부족, 도로 표지판, 쏟아지는

비 내리는 밤_프랑스 파리

비, 늦은 밤…… 게다가 낯선 그녀까지. 이런 뜻밖의 상황들은 얼마나 사람의 마음을 긴장시키는지. 여행의 묘미는 바로 이런 긴장감인가. 나는 여전히 어색한 푸조를 타고 비가 세차게 쏟아지는 파리의 밤거리를, 어떤 여자와 함께 달리고 있다. 현실이 아닌 것만 같은 현실. 여기가 파리는 맞나? 나는 아직 한국 어디 쯤에 있는 게 아닐까? 고속도로 너머 멀리 보이는 파리 시내는 마치 자유로에서 보는 일산 같기도 하다. 파리라는 타인들의 도시가 문득 익숙한 내 공간처럼 훅 밀려든다.

05
동행

늦은 시간이라 차가 적어서 천만다행 헤매지 않고 퐁네프 다리 근처 골목 입구까지 무사히 도착했다. 그런데 그녀는 내릴 준비도 하지 않고 핸드폰만 만지작거리고 있었다. 나는 조심스럽게 물었다.

"집 주인이 계속 연락이 안 되나요? 시간이 너무 늦었나? 주소를 보고 함께 걸어서 찾아볼까요?"

"계속 민폐군요. 죄송해요."

그녀는 미안해서 어쩔 줄을 몰라 했다. 속이 고스란히 읽히는 그녀를 두고 먼저 차에서 내렸다. 그녀도 급히 우산을 챙겨들고 따라 내렸다.

분명 숙소 근처에 다 오긴 한 것 같은데, 주소 하나만으로 늦은 시간에 집 찾기가 너무 어려웠다. 비까지 세차게 내려 길을 물을 만한 사람이나 상점도 없었다. 주변 골목을 몇 바퀴 돌다가 하는 수 없이 차로 돌아왔다. 그녀는 다시 집 주인에게 전화를 걸었고 긴 통화 연결음이 조용한 자동차 안에 울렸다. 집주인은 전화를 끝내 받지 않았다. 그녀는 조급해 했고 약간은 울 것처럼 보였다.

"뭔가 문제가 생겼나 봐요. 여행하다보면 이런 일이 간혹 있어요. 별의 별 문제가 다 생기곤 하죠. 여행이니까. 혹시…… 좀 이상하게 들릴지 모르지만 파리에 특별히 만날 사람이나 일정이 없다면 저랑 동행해서 아비뇽으로 함께 가는

골목길에서_프랑스 아비뇽

건 어때요? 아비뇽에서 며칠 묵으며 주변 프로방스를 둘러볼 생각이니 항공사에
이야기하면 짐도 그리로 부쳐줄 거예요. 가방을 찾으면 여정을 바꾸셔서 거기서
헤어져도 되니까요. 유럽여행이 처음이시라니, 비도 오는데 혼자 두고 갈 수가
없네요. 특별히 대안이 없으시다면 제 제안이 어떠세요?"

나는 조심스럽게 말을 꺼내보았다. 아무리 남자가 사심 없이 한 말이라 하
더라도 늦은 시간, 낯선 나라에서 몇 마디 나눈 게 전부인 모르는 남자와 함께 차
를 타고 장거리를 간다는 게 여자로서는 부담스런 일이리라.

그녀는 한참동안 가만히 있다가 약간 억지스럽게 밝은 표정을 지었다.

"정말 그래도 괜찮을까요? 오늘 완전히 민폐녀가 되는군요. 파리도 비도 저
랑은 안 맞나 봐요. 어제까지도 연락이 닿은 숙소 주인도 잠적해 버리고 짐은 여
전히 중국에 있고요. 후우, 파리에 있으면 여행 시작부터 다 망칠 것만 같아요.
제가 짐이 되지 않도록 할게요. 며칠 지내보고 불편하시면 말씀하세요."

"그래요. 불편하면 바로 헤어지자고 말씀드릴게요. 그럼 우선 아비뇽에 숙
소를 잡고 그 숙소의 주소를 공항 직원에게 다시 알려줘야겠네요."

"네, 그래야 할 것 같아요."

"우선 여기서 빨리 벗어나요. 조용한 고속도로 휴게소에서 뭐라도 먹으며

예약도 하고 전화도 해요. 오늘 파리의 날씨는 최악이에요. 어서 출발해요."

그녀는 고심 끝에, 망설임 끝에 꽤 용기를 내어 말한 듯 보였다. 계획과 예상이 틀어져야 여행이 여행다워지는 법. 시나리오라는 게 늘 내가 짜놓은 그대로 흘러가지는 않으니까. 여행의 시나리오든, 인생의 시나리오든.

우리는 다시 푸조를 타고 달렸다. 파리에서 아비뇽까지는 약 960킬로미터. 낮에 아홉 시간을 운전하는 것도 쉬운 일은 아닌데, 열세 시간 비행을 마치자마자 바로 출발하여 밤 운전을 계속했다. 여전한 긴장감 때문인지, 시차 때문인지 잠도 오지 않았다. 분명 출발 전의 계획은 '첫 날 : 파리 도착. 근교나 고속도로 주변에 있는 호텔에서 하루 쉬고'였는데!

계획을 벗어나는 순간부터 진정한 여행의 시작이라더니, 나의 여행이 본격적으로 시작된 셈인가? 공항에서 운전을 시작한 뒤부터 벌써 네 번째 에스프레소를 고속도로 휴게소에서 마셨다. 머리는 멍했지만 기분은 좋았다. 비는 리옹을 지나면서 그쳤고, 운전도 익숙해졌으며, 어쨌든 누군가와 이야기를 나누며 갈 수 있다는 것이 괜찮았다.

06
해질 무렵의 아비뇽

그녀와 나는 오세르의 고속도로 휴게소에서 아비뇽의 YMCA호스텔을 예약했다. 론강과 구교황청이 내려다보이는 언덕에 있고 무료주차가 가능한 곳이었다. 자동차로 이동하는 여행에서 주차 문제는 고민거리 중 하나다. 구시가지에 있는 작은 호텔이나 호스텔은 자동차가 지나갈 만한 공간도 없는 곳이 많다. 그래서 숙소를 찾을 때 가장 먼저 주차 가능 여부를 따져야 한다. 다행히 이 호스텔은 사진으로 봤을 때도 굉장히 큰 마당이 있어 다른 곳을 더 찾아볼 필요가 없었다. 물론 비용도 저렴했다.

해질 무렵 도착한 아비뇽은 상상한 대로 아름다운 도시였다. 자동차의 왼쪽으로 도시를 감싼 오래된 성벽이 늘어서 있고, 오른편으론 론강이 바람과 함께 흐르고 있다. 피곤했는지 꽤 오랫동안 눈을 감고 있던 그녀도 창밖의 론강을 물끄러미 바라보았다.

"여기도 퇴근시간엔 도로에 차가 많네요. 하지만 바람도 시원하고, 강에 비친 저녁 해가 예뻐요. 집 생각이 나네요. 이게 론강이죠?"

"론강 맞아요. 바람이 시원하긴 한데 금방 추워지네요. 아까 창문 열었다가 금방 닫았어요. 어릴 때도 놀다가 해질 무렵이면 집 생각이 나곤 했죠. 바로 들어가진 않았지만…… 이제 다음 다리를 건너면 도착이에요."

노란 등_프랑스 아비뇽

분명 네비게이션은 1킬로미터 남짓 남았다고 알려줬는데, 우리가 예약한 유스호스텔은 그 자리에 없었다. 아무 것도 없는 도로 중간쯤에서 네비게이션은 도착을 알리고 입을 닫았다. 나는 우선 차를 길가에 있는 공용주차장에 세웠다. 그녀가 스마트폰에 담아왔다는 구글 지도를 열어 호스텔을 다시 검색했다. 숙소는 다리를 건너 우회전이 아니라 직진을 했어야 했다. 잠시 자동차에서 내려 뻐근한 목과 팔다리를 풀었다. 마음이 한결 놓이는 게 어딘가에 도착하긴 한 모양이다.

부산하고 불안하던 마음이 안정되고 나니 이런저런 풍경도 눈에 들어왔다. 늘 이 모양이다. 힘들고 어려운 순간에도 여유를 갖자고 남들에겐 당연한 듯이 늘어놓으면서도 막상 내 자신은 한 치의 여유를 못 찾고 허둥대기 일쑤다.

스마트폰 지도를 살펴본 후, 차를 돌려 다시 다리로 돌아갔다. 우회전해서 조금 더 올라가니 건너편으로 드디어 유스호스텔 간판이 보였다. 휴우, 한숨이 절로 나왔다. 비 내리는 샤를드골 공항에서부터 이곳까지 열 시간 가까이를 어떻게 달려왔는지 아득했다. 그래도 처음치고는 나쁘지 않았다고 혼자 다독이며 살짝 웃었다. 그녀는 마치 내 마음을 다 들여다봤다는 듯 웃으며 칭찬을 했다.

호스텔 담당자는 친절하고 반갑게 우리를 맞아주었다. 겨울에 찾는 사람이 많지 않은지 약간 신나고 들뜬 것 같아 보이기도 했다. 체크인 후 담당자를 따라 숙소가 있는 건물로 이동했다. 건물은 돌로 만들어져 조금 낡아보였다. 하지만 나름 분위기는 좋았다. 담쟁이나 꽃으로 가득 둘러싸인 여름이라면 한결 아름다웠겠다. 담쟁이 건물은 초록의 싱그러움이 사라진 계절엔 왠지 쓸쓸하고 서글퍼 보였다.

삐걱거리는 나무문을 열고 들어선 공간은 조금 을씨년스러웠다. 짙은 갈색의 문, 걸을 때마다 삐그덕 소리가 나는 계단, 빛이 들지 않는 어두운 실내, 붉고 낡은 카펫. 이거 뭐 완벽한 호러영화의 한 공간이었다. 마침 발소리도 없고 표정도 없는 노부인까지 스윽 지나가 주셨다. 이곳에 혼자 오지 않은 것이 정말 다행이라는 생각을 그 사이에 수십 번은 더 한 것 같았다. 그녀와 나의 방은 복도 끝에 나란히 붙어 있었다.

아비뇽에서의 첫 날밤

호스텔 근처 마트에서 사온 빵과 물로 간단히 식사를 하고 침대 모서리에 앉았다가 그대로 누웠다. 눈이 스르르 감겼다. 참 오랜만에 기분 좋게 졸음이 몰려왔다. 오랜 불면증과 두통에 시달려본 사람은 알 것이다. 베개에 머리만 갖다 대면 스르륵 깊은 잠 속으로 빠져들고 아침이면 개운하게 눈 뜰 수 있는 게 얼마나 큰 행복인지. 깊게 잠들지 못하는 나에게는 몸이 견디지 못하는 순간 억지로 겨우 잠깐 눈 붙이는 밤이 있을 뿐이었다. 늘 약간은 몽롱한 상태로 지내는 게 일상이었다. 그런데 오늘은 정말 졸렸다. 비행기 이륙할 때 몇 시간 잔 후로 아직 제대로 눈 붙이지 못했다. 오랜 비행과 시차, 장시간의 운전 때문일까? 아니면 누군가의 말처럼 아비뇽의 공기와 바람이 잠을 불러오는 것일까?

창으로 돌아누워 커튼을 열었다. 아비뇽의 야경이 어른거렸다.

내 두통을 말끔하게 낫게 해줄 진통제는 역시 일상을 떠나는 것뿐이라 생각했다. 그래서 자주 이렇게 멀리 떠나온다. 어쩌면 평생 이 두통과 불면증이 영원히 완치될 수 없겠다는 생각이 스쳤다. 그래도 속상하거나 아프지 않았다. 내 삶에서 두통이 사라지면 여행도 함께 사라져버리는 걸 테니.

구교황청에서_프랑스 아비뇽

여행 안에 다른 여행이 있다_45cm x 38cm_프랑스 아비뇽

당신의 그리움 앞에서_24cm x 41cm_프랑스 아비뇽

08
여행의 시간

서울에서 맞춰둔 휴대폰 알람소리에 깼다가 뒤늦게 내 방이 아님을 알고는 헛웃음이 나왔다. 창밖으로 푸르스름한 새벽이 느껴졌다. 창문 틈으로 눈을 가늘게 뜨고 밖을 내다보니 해가 뜨고 있었다. 어젯밤 아무렇게나 던져둔 카메라를 들고 테라스로 나갔다.

어둠을 서서히 밀어내는 붉은 태양을 보고 있으면 잠든 세상이 눈을 뜨는 것 같았다.

나에게 주어진 또 하루의 시간.

내일을 기약할 수 없는 것이 인간의 삶이다. 하루, 한 순간을 소중히 살아야 한다고 늘 말하지만 우리는 무한한 시간을 사는 것처럼 일상의 시간을 흘려보낸다. 하지만 여행의 시간만큼은 1초도 그냥 보내지 않으려 애쓴다. 시간의 소중함을 알기 위해서라도 여행은 반드시 해야 할 일이다.

이 순간이 아쉬워 그녀의 테라스 창을 두드릴까 하다가 그만두었다.

아비뇽의 새벽_73cm x 50cm_프랑스 아비뇽

09

새벽 광장

광장의 주인은 바람_프랑스 아비뇽

　　서늘한 새벽 골목엔 아무도 없었다. 사람의 흔적이 없는 구교황청 앞 광장은 바람이 주인인 것 같았다. 방향이 제각각인 바람들이 스치고, 부딪치고, 맴돌았다. 광장을 가로지르는 나도 한줄기 바람인 양 휘청거리며 흔들렸다. 스치고, 부딪치고, 돌아보고…….

　　내 마음도 목적 없는 바람처럼 광장을 돌아다닌 일이 많았다.

　　마음이 그리로 끌려서 그곳에 갔으며, 그 엽서를 샀고, 편지를 썼다. 마음이 시켜서 편지를 찢고, 찢어진 조각을 다시 모아 붙였다. 주소도 우표도 없이 이국의 우체통에 엽서를 넣었다. 널 사랑한 것도 마음이 시켜서 한 일이라고……. 내 책임이 아니라고 변명을 했다.

　　나를 옆으로 살짝 밀치고 지나가는 바람. 덕분에 다시 구교황청 입구로 걸어갔다.
　　이제, 다시는, 휘청거리고 싶지 않다.

#10
또 조급해지면 안 돼!

구교황청은 생각보다 넓었다. 해가 짧은 겨울이라 여유가 없다. 교황청 건물 내부를 모두 둘러보고 생베네제 다리에 들렀다가 아비뇽 구시가 골목에서 시간을 보내려면 시간이 빠듯하다. 휴게실 자판기 커피를 한 잔 뽑아 서둘러 마시려다가 멈칫 했다. 모퉁이에 놓인 무심한 나무벤치가 나를 쳐다보는 것만 같았다. 주위를 두리번거리며 늘 무언가 조급해하는 내 모습이 쑥스럽고 부끄럽다.

정해진 일정 안에서 움직여야 하는 여행자이기에, 어쩌면 여유가 없는 게 당연한지도 모른다. 하지만 여행은 빠듯한 생활을 멈추고 여유를 찾고자 온 것이 아닌가. 내가 왜 이곳에 왔는지를 다시 생각해야지. 여행에서조차 일정에 쫓겨 종종대지는 말아야지.

나는 부러 한 걸음이라도 느리게 걷고, 커피도 천천히 들어올렸다.

자전거가 있는 풍경_프랑스 아비뇽

#11
끊어진 다리 위에서

골목을 두어 번 지나고 성벽을 벗어나니 멀리 생베네제 다리가 보였다. 다리 위에 올라섰다. 바람이 강해서 몸이 계속 강 쪽으로 쏠렸다. 난간을 붙잡고 다리가 끝나는 부분까지 걸어갔다가 돌아섰다. 비스듬한 햇빛으로 렌즈 플레어가 생겼다. 하지만 마음에 들었다. 언제든 이 사진을 보면 뷰파인더 가득 빛이 들어오던 눈부신 아비뇽을 기억할 테니까.

다리 중간 계단을 내려가니 작은 예배당이 있었다. 바람이 불지 않는 그곳에 비둘기들이 모여 있었다. 꾸르륵 꾸르륵 이야기 중인 그들 곁을 지나 강물이 더 가까이 보이는 구석에 자리를 잡았다.

돌벽에 기대 햇살을 받으니 나른해져 스르르 눈이 감겼다. 시간이 한참 지나고서야 바람 부는 소리에 정신이 들었다.

생베네제 다리 위에서_프랑스 아비뇽

\# 12
동감同感의 대화

론강을 바라보며 걸어 올라가 아비뇽의 지붕이 보이는 벤치에 앉았다. 가까이부터 멀리까지 지상을 가득 채운 빛바랜 주황색 지붕. 지붕 속에서는 마치 시간이 멈춘 듯했다.

스케치북을 꺼내 시가지 풍경을 그렸다. 해가 지는 모습도 그림에 담을 수 있으면 좋겠다. 그림은 시간을 멈추게 한다. 그런데 나는 그림 안에 흘러가는 시간도 담고 싶다.

언제부터였는지 그녀가 아래쪽 돌계단에 앉아 론강을 바라보고 있었다. 그녀도 내가 여기에 있는 것을 봤을까? 내가 일부러 부르지 않은 것처럼 그녀도 일부러 나를 안 부른 걸까?

가슴이 먹먹한 풍경 앞에서는 서로 아무런 말을 하지 않아도 좋다. 아무리 꺼내도 부족한 몇 마디의 말보다 감동으로 가득 찬 마음을 가만히 느끼도록 서로를 그냥 놔두는 것이 좋을지 모른다.

말없는 대화의 순간이다.

로세돔 공원_프랑스 아비뇽

13
이별 여행이 아니길

해가 산 너머로 완전히 넘어갈 때까지 여행자로 보이는 연인은 서로를 안고 있었다. 떨어질 수 없는 하나처럼, 두 사람이 함께 보는 마지막 일몰의 순간인 것처럼, 아비뇽 교황청의 오래된 석상들처럼. 연인의 감정이 내게 전이된 것일까. 어둠으로 덮여가는 시간이 야속하게 느껴졌다. 이곳에서의 여행이 두 사람에게 마지막이 아니기를, 어느새 내가 그들이 되어 간절히 바라고 있었다.

내 사랑은 지나고 보면 늘 나 혼자만의 것이었다. 서로에게 끌려 애틋해지고 그리워지고 매일 만나고 싶어지면 그게 사랑이라 생각했다. 그 사랑이 늘 영원하기를 꿈꿨다. 내 모든 시간과 꿈을 기꺼이 상대에게 맞추었다. 그러나 뒤돌아보면 언제나 나 홀로 낯선 곳에서 찬바람을 맞고 서 있을 뿐이었다. 얼굴과 가슴에 몰아친 흙바람도 사랑을 위한 시련이라 여기며 미련하게 견디었다. 그게 얼마나 어리석인 일인지는 한참 뒤에야 깨닫곤 했다. 온몸이 모래에 파묻혀 더 나아가지 못할 때가 되어서야 억지로 멈출 수밖에 없었다.

최고의 순간_프랑스 아비뇽

14
혼자 하는 여행

그녀는 아비뇽에 남고 나 혼자 아를에 도착했다. 먼저 고흐가 요양했던 병원인 에스파스 반 고흐의 내부를 둘러보다가 돌벤치에 앉아 오랫동안 아무 생각 없이 시간을 보냈다. 이렇게 혼자 하는 여행에서는 자주 파란하늘을 올려다본다. 내가 청색의 바다나 하늘을 좋아하는 것은 어쩌면 푸르름을 제외하고는 그곳에 아무 것도 없기 때문이라는 생각이 문득 들었다. 불순물이 없는 순수함, 아무 것도 담기지 않은 무구함 말이다.

눈조차 파랗게 물들도록 하염없이 하늘을 바라보며 시간을 보낼 수 있는 것. 혼자 하는 여행이기에 가능한 일이다. 그래서 동행이 있는 여행에서도 가끔은 혼자 하는 여행이 필요하다.

기둥에 기대어_프랑스 아를

#15
여행을 멈추지 못하는 이유

작은 카페에서 커피를 마시다가 창밖으로 보이는 안개 낀 골목길에 계속 시선을, 마음을, 몸을 빼앗겼다. 홀린 듯 나선 골목길 여행. 그 끝에서 나를 기다리고 있다가 미소 짓는 풍경.

지금, 나는 여행을 멈추지 못하는 수백 가지 이유 앞에 서 있다.

회전목마가 있는 광장의 오후_프랑스 아를

16
고흐 대신 당신

아를은 기대했던 곳보다는 매우 작은 도시였다. 도착한 날이 일요일이기도 했고 해가 누그러지고 있는 오후 시간이었다는 것도 한몫 했지만 '고흐'를 기대한 내 마음이 너무나 컸던 모양이다. 늦은 점심식사와 길을 묻기 위해 가까이 보이는 샌드위치 가게에 들어갔다. 유럽에서 보기 어려운 '아메리카노'라는 메뉴를 보고 아메리카노 커피와 샌드위치를 먹을 수 있겠구나하는 기대를 했지만 우습게도 미국식 샌드위치를 가리키는 명칭이었다. 어째서 아메리카노인지 알 수 없는 그냥 그런 샌드위치와 에스프레소를 먹고 주인아주머니의 친절한 설명대로 골목길에 들어섰다. 그 골목길 끝에는 고흐의 작품에 나오는 '밤의 카페'가 있었다. 노란 벽면과 노천카페 차양이 실제 그림 그대로였지만 쓸쓸한 겨울날의 카페 풍경은 그림과는 너무나 달랐다. 해가 지고 어둠이 내리면 그림 속 풍경이 나타나지 않을까 하는 생각에 카페 주변 골목을 서성이며 시간을 보냈다. 오렌지빛 가로등이 하나 둘 켜지고, 하늘엔 달과 별이 떠올랐다. 하지만 사람이 없는 카페의 풍경은 황량하기만 했다. 고흐가 그린 밤의 카페를 활기차게 만든 것은 카페에 모여 앉은 그림 속 사람들이었구나.

그리움이 흐르는 강_53cm x 45cm_프랑스 아를

아쉬움을 달래며 카페를 뒤로 한 채 론강을 찾았다. 계단을 통해 강둑으로 올라서자 차가운 강바람이 온 얼굴에 훅 끼쳐 들어왔다. 재킷에 달린 모자를 뒤집어 쓰고 바람이 덜 부는 벤치와 돌기둥 사이에 자리를 잡고 앉았다. 찬찬히 눈을 돌려 멀리 산 너머를 보았다. 아직 완전히 사라지지 않은 붉은 태양의 기운과 별처럼 떠오른 론강의 가로등, 은하수처럼 흐르는 바람을 살폈다. 기대한 밤의 카페는 아쉬움이 컸지만 바람과 별이 가득한 론강은 추운 겨울밤 외로운 여행자에게 잠시나마 행복과 평온함을 선물했다. 론강의 풍경을 그린 고흐의 작품 〈별이 빛나는 밤〉을 떠올려 보려고 애썼지만 바람 탓인지 머릿속이 하얬다. 대신 하얗게 변한 머릿속이 아비뇽에서 별을 바라보고 있을지 모를 그녀로 채워지고 있었다.

비행기 안에서 대화를 나눌 때도 그랬지만, 그녀와의 수다는 술술 풀렸다. 마치 맑게 졸졸졸 잘 흐르는 냇물 같았다. 음악 이야기에도 여행 이야기에도 우리는 착착 코드가 잘 맞았다. 그녀는 다른 사람의 말을 주의 깊게 들을 줄 알았고, 자신이 아는 한에서 충분히 자신의 생각을 적극적으로 말할 줄 알았으며, 자신과 생각이 다를 때도 상대를 충분히 배려하는 마음을 보였다.

덕분에 나는 여행의 여정이나 새로운 풍경보다 그녀와 나누는 이야기, 그녀와 함께 하는 식사에 어느 순간 더 마음 설레고 있었다. 눈을 감았다 뜨고 나니 벼락스타가 되었더라는 누군가의 이야기처럼, 느닷없이 내 여행의 하루하루가 그녀로 채워지고 있었다. 누군가를 좋아하는 감정은 자연스러운 게 아니냐고 혼자 위로하기도 하고, 남자친구가 있을지 모르는데 언감생심 무슨 말이냐고 책망하기도 하고, 괜히 마음 들켰다가 분위기만 어색해져서 동행으로 충분히 좋던 관계마저 망칠 수 있다는 걱정이 들기도 했다. 그녀와 잠시 떨어져 혼자 아를에 있으려니 그녀에 대한 생각들이 더욱 머릿속에서 시끌시끌하게 울렸다.

나는 최대한 무심하게 짧은 문장으로 그녀에게 문자를 보냈다. 아를은 좋았다는 말과 아비뇽 날씨는 어떤지만 물었다. 아무 것도 못하고 한 시간을 기다려 그녀의 짧은 답 문자를 받았다. 그녀 역시도 내게 사진은 많이 찍었냐고만 물어왔다. 파란 하늘이 담긴 아비뇽의 사진 한 장과 함께. 그리고 내일보자는 말을 덧붙였다. 내일보자는 그 짧은 한 문장이 이렇게 아름다운 말이었던가. 나는 수십 번을 읽고 또 읽었다.

17
녹색 신호등의 이면

5시에 드골광장 회전목마 앞에서 만나기로 하고 그녀와 헤어졌다. 폴 세잔과 에밀 졸라가 자주 찾았다는 레 뒤 가르송 카페를 찾아가 노천에 자리를 잡았다. 늦은 점심으로 샌드위치와 커피를 주문하고 플라타너스의 잎 사이로 내리쬐는 햇볕을 얼굴 가득 받고 있으니 나른해졌다.

눈을 감고, 지나가는 여행자들의 발소리와 다른 테이블의 수다와 웃음소리를 들었다. 점원이 들고 지나가는 쟁반 위의 신선하고 진한 에스프레소향을 맡으며 이 여행의 의미를 생각했다. 한참만에 다시 눈을 뜨니 카페 앞 도로에 있는 작은 건널목의 신호등에서 녹색등이 깜빡이고 있었다.

생각해보면 우리 삶에도 신호등이 있는 것 같다. 녹색불이 켜져 거칠 것 없이 달릴 때도 있지만, 빨간불이 켜지면 그 자리에서 우뚝 멈추어야만 한다. 누구든 자신의 삶에는 녹색불만 켜지기를 바랄 것이다. 그러나 내 앞에 신호등이 녹색불만 계속 된다고 해도 사는 게 마냥 쉽지는 않을 것이다. 숨차고, 바쁘고, 뒤를 돌아볼 겨를도 없겠지. 녹색의 이면에 대해 생각할 시간도 놓치게 되는 것이다. 또 내 앞의 신호등이 녹색이면 누군가의 신호등은 빨간불일 수밖에 없다는 순리도 까맣게 잊을지 모른다. 다른 사람을 위해 평생 빨간 신호등 앞에 서 있어야 했던 사람들의 진심조차도.

여행자의 기억 7_프랑스 엑상프로방스

18
해질녘, 세잔을 만나다

해가 기울고 있는 거리 풍경은 밝음과 어둠의 경계에 있다. 건물의 반은 어둠으로 반은 노을로 노랗게 물들고 있는 풍경. 찬란한 색의 조화에 넋을 놓고 걷다보면 얼마 가지 못해 걸음을 멈추게 된다. 가다 서다 가다 서다를 반복하게 되는 느린 걸음. 해질녘에 나타나는 나의 보행 속도다.

거리 바닥에 표시된 '세잔 아뜰리에' 표식을 찾으며 느릿하게 걸음을 옮기다 고개를 들었다. 어느새 나의 발걸음은 중심가를 벗어나 한적한 길로 들어서 있었다. 언덕길을 따라 오르며 가끔 뒤를 돌아보았다. 멀리 엑상프로방스도 붉게 변하고 있었다.

　　세잔 아뜰리에 마당은 겨울의 기운을 그대로 품고 있었다. 낙엽이 가득한 바닥에 놓인 철제 의자는 더 차갑고 쓸쓸한 풍경을 만들어냈다. 아뜰리에 건물을 둘러싼 작은 산책길을 걷기도 하고 세잔과 관련된 영상이 상영되는 미디어실에 앉아 짧은 홍보영상을 살펴보고, 그가 남긴 정물화와 풍경화 화첩도 살펴봤다. 하지만 세잔의 흔적을 찾아온 여행자의 마음을 뒤흔드는 것은 무엇보다 엑상프로방스의 해질녘 풍경이었다. 노을 앞에 넋을 놓고 앉아 있는데 아뜰리에 입구로 그녀가 들어섰다. 그녀도 높은 곳에서 지는 해를 바라보고 싶어한 내 마음과 결이 같지 않을까 생각하며 피식 웃었다. 그녀도 내가 이곳에 앉아 있으리라고 짐작했다는 듯 웃어 보였다.

엑상프로방스에서 더 붉고 진하게 물들어가는 노을. 세잔도 매일 이 순간을
보며 하루를 마치고 누군가를 그리워하고, 사랑하고, 슬퍼하고, 그림을 그렸겠지.

여행자의 하루가 깊어지면서 그리움이 또 눈을 뜬다.

여행자의 기억 6_프랑스 엑상프로방스

19
여행 안에 내가 꿈꾸는 여행이 있다

고르드 가는 길에 있는 카페에서 간단히 아침을 먹었다. 중세시대 산 위에 만들어진 도시 고르드는 멀리서 보면 돌산을 깎아 만든 마을처럼 보였다. 이른 아침 시골 풍경은 어디나 비슷하다. 집집마다 아침을 준비하는 연기를 피워 올렸다.

골목길을 걸어내려 가다 보니 영화 속에 들어온 것 같기도 하고, 사진 속에 들어온 것 같기도 했다. 늘 머릿속으로 상상하던 풍경이 눈앞에 있었다.

골목길 끝을 살며시 덮은 안개도, 누군가의 창틀에 놓인 철 지난 산타클로스 인형도 늘 그리워하던 것들이었다. 내가 여행에서 기대하는 것은 이렇게 비현실적인 공간과 시간인 것 같다. 꿈에서나 만날 수 있는 곳, 내 삶의 공간이 될 수는 없는 곳.

안개에 가려 보이지 않던 골목 끝에 닿았다. 낡은 가로등과 낮은 돌담 위에 올려둔 화분도 눈에 들어왔다. 그리고 또 저만치 내 그리움이 안개 너머로 숨어 들어가는 게 보였다. 여행 안에 내가 그리워하는 여행이 숨어 있었다.

터널을 지나면_프랑스 고르드

20
스노우볼

성당 앞에서 그녀를 다시 만났다. 그녀는 표정이 밝아 보였다. 성당 옆에 있는 작은 카페에 들어가 커피와 차를 시켰다. 카페는 고르드 만큼이나 오래된 역사를 갖고 있었고, 분위기는 동네 사랑방 같이 시끌벅적했다. 여행객은 우리 둘 뿐이다. 낯선 동양인이라 그런지 은근히 관심을 기울이는 시선들이 느껴졌다.

그녀는 카페 옆에 있는 기념품점에서 스노우볼을 사왔다. 여행 때마다 그 도시를 대표하는 스노우볼을 사 모은다고 했다. 아마도 스노우볼은 그녀가 여행을 기억하고 간직하는 매개체인 모양이었다.

여행의 순간을 기록하는 방법은 사진부터 그림, 영상, 엽서, 메모, 기념품 등 다양하다. 그러나 어떠한 방법을 동원한다 해도 그 순간을 온전히 담아둘 수는 없다. 그러기에 또 다시 떠나는 거겠지.

스노우볼을 흔들어 테이블에 내려놓았다. 눈이 소복이 내리는 고르드의 모습이 벌써부터 아련했다. 여행을 마치고 난 후 어느 날, 서울의 한 카페에서 고르드의 느긋한 아침을 그리워하고 있을 내 모습이 보였다.

어쩌면 스노우볼을 흐뭇하게 바라보고 있는 지금의 그녀도 많이 그리워지겠지.

골목길을 걷다가_14cm x 18cm_프랑스 고르드

21
고르드를 떠나며

고르드를 빠져 나오면서 왼쪽 사이드미러를 봤다. 고르드의 전경이 미러 안에 고스란히 담겨 있었다. 이 모퉁이를 돌아서면 고르드는 사진에서나 볼 수 있는 추억이 될 것이다. 아쉬움이 한없었다. 늘 이런 식이었다. 슬프고 아쉬울 걱정에 뒤돌아보고 버리지 못한 채 미련을 남긴다. 그런 내 모습이 싫어 일부러 속도를 내 빠져나오려는데 그녀가 차를 세워달라고 했다.

"백미러에 언뜻언뜻 보이는 고르드가 너무 예뻐서요. 여기서 사진 한 장만 더 찍고 가요. 괜찮죠?"

어쩐지 내 마음을 들킨 기분이 들어 얼굴이 화끈거렸다.

"아, 그래요. 저도 뭔가 아쉬웠는데……."

마을 입구에서_프랑스 고르드

22

질투, 스스로 인정하기 어려운 것

약간 을씨년스런 들과 다리를 여러 번 건너 퐁뒤가르 입구에 도착했다. 주차장에서는 수도교의 모습이 전혀 보이지 않아 제대로 온 것인지 아리송할 정도였다. 겨울이라 관람객이 없어 혹시 폐장한 것은 아닌지도 걱정이었다. 다행히 입장이 가능했고 산책로처럼 생긴 길이 길게 이어졌다. 겨울인데도 숲은 울창했다. 숲이 끝나갈 무렵 강물 소리가 들려왔다. 그리고 조금 더 걸으니 길 끝에 거대한 수도교가 기다렸다는 듯이 나타났다.

수도교 위는 바람이 강하게 불었다. 다리 중간쯤에서 아래를 내려다봤다. 거칠게 내려가는 진한 녹색의 강물은 신비롭고 두려웠다. 하지만 묘한 매력이 있어 눈을 뗄 수 없었다.

강물을 한참 내려다보고 있으면 주변의 많은 소음이 물소리에 묻혀 들리지 않는 순간이 온다. 복잡한 여행지에서 홀로 있고 싶을 때 내가 자주 쓰는 방법이다. 하지만 이번에는, 듣고는 싶지만 모른 척 피해야 하는 소리를 쫓아내기 위해 강물 소리에 집중했다.

며칠 전부터 그녀는 호스텔 정원 구석 벤치나 고속도로 휴게소의 주차장에

수도교 위에서_프랑스 퐁뒤가르

서 심각한 표정으로 전화를 했다. 멀리서 봐도 언성을 높인 말이 오고가는 것을 알 수 있었다. 잠시 후 차로 돌아온 그녀와 모른 척 밝은 목소리로 이야기를 주고받아도 곧 차 안의 공기는 어색함으로 가득해지곤 했다. 처리해야 할 복잡한 일이 있겠지 라고 대수롭지 않게 넘기거나 무슨 일이 있건 내가 신경 쓸 일 아니라고 억지로 머리 밖으로 밀어내려 해도 자꾸만 신경이 쓰였다. 아마도 남자겠지, 애인이 없을 리가 없지, 결혼할 사람이 있는 걸까 등의 궁금증과 상상이 자꾸만 머릿속을 떠다녔다. 그러느라 한참동안 그녀와 대화 없이 운전만 하기도 했다. 어쩌면 분위기를 어색하게 만드는 것은 나였는지도 모른다. 내가 왜 그녀의 전화에 억지 추측을 보태며 심각해지는지 알 수 없었다. 그게 질투라고 스스로 물을 수도, 확인할 수도 없었다.

23

얼음 속에 넣어둔 짝사랑

별의 풍차_프랑스 레보 드 프로방스

멀리 언덕 위에 빨간 지붕 풍차가 조그맣게 보였다. 파란 하늘 밑에 붉은 풍차. 낡고 오래되고 애틋한 풍경에 쉽사리 마음을 빼앗기는 내가 오래된 풍차를 그냥 지나칠 수는 없었다. 다행히 우리가 이동하는 방향과 풍차가 같은 곳에 있었지만 설령 방향이 반대라 해도 자동차 핸들을 꺾는 것은 당연한 일이었다. 풍차는 작은 산을 공원으로 만든 곳에 있었다. 산책로를 따라 올라가면 시야가 탁 트인 곳에서 들을 내려다보고 서 있는 풍차.

하지만 더 신나는 일은 풍차가 그냥 풍차가 아니란 사실. 이곳은 알퐁스도데의 작품 '별'에 등장하는 장소였다. 레보 드 프로방스의 뤼브롱산을 배경으로 양치기 목동의 순수한 사랑이야기가 남아 있는 그 언덕이었다.

풍차 옆에 앉아 이야기를 나누는 남녀를 보며 두 사람이 연인인가 아닌가에 대하여 그녀와 이야길 나누다 그녀가 짝사랑에 대하여 물었다.

“이룰 수 없는 사람을 짝사랑하면서 그 사람에게 고백해본 적 있어요?”

“응? 아니요.”

“왜요? 어차피 이룰 수 없어서?”

“아니, 그 사람과의 모든 관계가 사라질까 봐 두렵거든요. 그래서 그 사람에 대한 사랑이 깊어질수록 더 철저하게 마음을 숨기려고 노력해요. 이룰 수 없는 이에게 내 마음을 드러내는 것은 모든 관계를 끝내는 길로 들어서는 거니까. 사랑하는 사람 앞에서 그 감정을 숨기는 일은 너무 아프지만, 괜히 고백했다가 아예 만날 수조차 없게 되는 건 더 슬프지 않나요? 사랑하는 이의 얼굴도 보고, 이야기도 나누고, 가끔 식사를 할 수 있다면 전 그걸로 만족해요. 사랑의 설렘은 시간이 지나면 익숙함과 편안함으로 변한다고 하죠. 그러나 숨기고 있는 사랑의 설렘은 늘 그대로죠. 그 사람에 대한 모든 감정을 차가운 얼음 속에 넣어두었으니까요…….”

24
최고의 와인

　　호스텔에서 차를 타고　대형마트들이 모여 있는 곳으로 갔다. 쌀과 빵, 물, 과일과 미처 준비하지 못한 생필품을 사기 위해서였다. 우리나라에서 한참 영업을 했던 까르푸가 눈에 띄자 우리는 약속이나 한 듯 동시에 "까르푸다!"하고 외쳤다. 그 바람에 서로 크게 웃었다. 겨울 세일을 맞아 대부분이 50% 이상 할인을 하고 있어 당장 필요 없는 물건에도 여기저기 눈이 쏠렸다. 각자 필요한 물건을 사고 30분 후에 식료품 코너에서 만나기로 했는데 내가 두리번거리다가 깜빡 늦었다. 그녀는 여러 종류의 쌀을 찾아들고 살펴보고 있었다.

　　"우리나라 쌀하고 가장 비슷한 걸 사야겠죠? 통통하게 생긴 거요."
　　"네, 그럴 것 같아요. 길쭉한 쌀은 바람에 날아갈 것 같이 속이 비어서 뻥튀기를 먹는 것 같더라고요."

　　그녀가 키득키득 웃으며 500그램짜리 쌀을 수레에 담았다. 까르푸를 보고 반가워 서로 크게 소리치고 웃은 덕분에 약간은 마음이 편해진 기분이 들었다. 이미 쇼핑 수레엔 내일 아침에 먹을 바게트 빵과 잼, 치즈, 오렌지주스, 물 등이 들어 있었다.

"오늘 축하 건배라도 가볍게 어때요? 프로방스엔 좋은 와인이 많다고 들었어요."

"좋아요, 근데 저 와인 잘 몰라요. 많이 마시지도 못하고요. 달달한 걸로 겨우 한두 잔 정도 마셔요."

"저도 그래요. 아까 지나오면서 봤는데 와인 코너가 엄청나더라고요. 같이 가 봐요."

과연 와인의 도시다웠다. 우리는 어지러울 정도로 많은 양의 포도주 앞에서 멍해질 수밖에 없었다. 간간히 영어도 있었지만 대부분 프랑스어로 표기된 것들이라, 우리 입맛에 맞는 와인을 찾기가 영 어려웠다. 서울서 김서방 찾기였다. 매장 직원도 보이질 않았고 선반에 빼곡한 와인을 들었다 놓았다만 반복하고 있었다. 그때 마침 코너 끝에서 와인을 고르고 있는 프랑스 여자가 눈에 들어왔다. 그녀는 영어를 거의 못했지만 손짓 발짓과 와인을 마시고 씨익 웃는 내 표정을 보고는 알겠다는 듯이 신중한 태도로 선반을 훑어보기 시작했다. 두 손을 다소곳이 모으고 프랑스 여자를 졸졸 따라다니는 내 모습이 조금 우스꽝스럽기도 했다. 그 프랑스 여자는 오랜 고심을 마치고 두 종류의 와인을 꺼내 이리저리 살피며 혼잣말

와인이 있는 풍경_프랑스 로던

을 했다. 뭐든 괜찮다는 의미로 미소를 띠며 그녀를 쳐다보았다. 하지만 그녀는 어느 쪽 와인도 선뜻 권하지 않았다. 그러더니 도저히 안 되겠는지, 갑자기 등 뒤의 누군가에게 소리쳤다. 애인인지 남편인지 알 수 없는 한 남자가 내게 가벼운 눈인사를 건네며 다가왔다. 프랑스 여자는 그 남자와 다시 와인에 대한 심각한 토론을 시작했다. 여자가 선택한 와인을 두고 한참동안 이야기를 하던 남자는 그것을 원래 자리로 가져다 두고는 새로운 와인을 찾기 시작했다.

이방인에게 프랑스 와인이 무엇인가를 제대로 보여주려는 프랑스인의 드높은 자부심일까? 아니면 단순히 그들이 서로 와인 취향이 다른 데서 오는 의견 대립일까? 나는 상황이 이렇게 오랫동안, 진지하게 이어질 거라고는 전혀 예상하지 못했다. 그냥 간단하게 평범한 와인 하나 추천해줬으면 했던 것뿐인데! 그렇다고 이제 와서 그만 됐다고 할 수도 없는 상황 아닌가. 나는 이러지도 저러지도 못하는 처지가 되고 말았다.

결국 그들은 와인에 대한 입장 차이를 좁히지 못했는지, 한참 후 남자는 다시 새로운 와인 두 병을 꺼내 들었다. 다행히 이번에는 여자도 남자의 선택을 인정하는 분위기였다. 하지만 여기서 상황은 끝나지 않았다. 두 연인의 아버지로 보이는 백발의 멋진 신사분이 새로운 패널로 합류한 것이었다. 프랑스 여자는 노신사에게 이 상황을 설명했고 나는 어색한 웃음과 눈인사를 건넸다. 프랑스 여인은 자신이 처음에 선택한 와인 두 병을 다시 꺼내 노신사에게 보여주고 그녀의 애인은 자신이 새롭게 고른 와인 두 병에 대해 설명을 늘어놓았다. 나는 노신사가 또 다른 와인을 선택하여, 새로운 국면의 토론이 진행될지도 모른다는 공포감에 휩싸였다. 그러나 다행히 노신사는 남자의 와인 중에 한 병을 골라 우리에게 트로피처럼 수여했다. 매우 짧고 명쾌한 결론이었다. 나는 와인을 추천해준 것에 대한 감사도 감사지만 우선 긴 망설임과 토론으로부터 우리를 풀어준 것에 대해 땡큐와 메르시를 번갈아가며 연발했다. 그녀와 나는 냉큼 와인을 사가지고 도망치듯 서둘러 마트를 빠져나왔다. 자동차로 돌아와, 차문을 닫은 후에야 우리는 웃음이 터져나왔다. 숙소로 돌아오는 차 안에서도 내내 와인 이야기로 웃음이 멈추질 않았다.

하지만 그토록 오랜 고민 끝에 그들이 골라준 와인의 맛은 최악이었다. 이제껏 우리나라의 대형마트에서 만원도 되지 않은 가격에 샀던 어떤 와인보다 몹쓸 맛이었다. 그렇지만 작은 냄비에 지은 2인분의 밥과 구운 김, 김치, 라면, 그리고 이야기는 풍성하고 행복했다.

25
그녀에게 짝사랑은

카메라를 침대에 던져두고 식당으로 통하는 문을 열었다. 식당 안에는 어제 눈인사를 나누었던 아프리카계 프랑스 신혼부부가 앉아 책을 읽고 있었고, 그녀는 그들과 멀리 떨어진 테이블 앞에 앉아 있었다. 전화를 만지작거리던 그녀는 나와 눈이 마주치자 웃으며 손짓을 했다.

"아까 낮에 하던 짝사랑 이야기 더 할까요? 질문 받은 것에 제가 대답 안 했잖아요."

"아? 네…… 그래요. 불편하면 굳이 말하지 않아도 되는데……."

"아니요, 불편해서가 아니라 아깐 생각이 정리가 안 돼서요."

그녀는 와인을 채워 내 앞에 내밀었다.

"전 짝사랑 별로예요. 혼자 하는 사랑이 당사자에겐 애틋하고 절절한 감정이겠지만, 겁쟁이처럼 보여요. 아직 얻지도 못한 걸 잃을까 봐 두려워하는 거죠. 우습지 않아요?"

짝사랑……. 내 것도 아닌 걸 잃을까 겁내는 것. 나는 앞에 놓인 와인을 들었다.

느긋한 외로움 2_18cm x 14cm_프랑스 로던

그녀의 짝사랑에 대한 이야기는 나를 혼란스럽게 했다. 타이밍을 놓쳐버려 남자친구가 있느냐는 질문을 할 수도 없고, 짝사랑에 대한 내 마음을 너무 솔직하게 드러내버렸는데 그녀는 소극적인 짝사랑을 겁쟁이라고 말했다. 그녀는 내 마음을 눈치챈 것일까? 불면증이 아니더라도 일찍 잠들기는 힘들 것 같은 밤이다.

광장으로 가는 길_룩셈부르크 룩셈부르크시티

26
8시간 느리게 사는 기분, 시차

유럽 여행은 과거로 거슬러 올라가는 시간여행이다. 한국보다 8시간이 느린 유럽에서 한국으로 전화를 걸면 마치 미래에 있는 사람들을 만나는 기분이 든다.

가족끼리 광장에 나온 사람들이 유난히 많았다. 통화를 하며 앞서 걷는 그녀의 전화 내용을 엿듣고 싶지 않아 거리를 두고 천천히 걸었다. 나도 어디든 전화를 걸고 싶었지만 한국 시간으로는 새벽이라 여의치 않았다. 휴대폰의 연락처를 둘러보다가 집 전화번호에 눈이 갔다. 아무도 받지 않는 집으로 전화를 걸어 한참이나 통화 연결음을 들었다.

전화를 마친 그녀가 저만큼 앞에서 돌아보며 웃었다. 해를 등진 그녀가 너무 눈부셔 전화를 받는 척하며 고개를 돌리고 빈 전화기에 말을 했다.

“응, 나 잘 지내고 있어.”

27
근거리 기억상실증

나는 광장의 가로등을 좋아한다. 불이 켜지지 않는 낮에는 아무도 가로등에 신경 쓰지 않는다. 나에게는 오히려 잘된 일. 늘 그 자리에 서서 어둠이 찾아오길 기다린다. 어둠이 오면 비로소 가로등은 모든 이에게 골고루 빛을 나누어준다. 아무도 신경 쓰지 않던 존재가 어둠 속에서 홀로 빛난다. 그 모습이 참 아름답다.

볕이 좋아 여기저기 기웃거리다 보니 어느새 해가 지고 광장마다 가로등이 켜졌다. 가로등이 고장 나, 빛이 사라지고 나서야 사람들은 그 빛의 소중함을 알겠지. 어둠에 갇히고 나서야 빛을 아쉬워하겠지. 사라진 후에야 떠난 사랑의 빈자리를 깨닫듯이. 사랑의 소중함을 늘 너무 늦게 알게 되는 우리의 삶처럼.

가까이 있는 것들의 가치를 잊고 살아가는 이 고질병을 무엇이라 불러야 할까? 근거리 기억상실증?

낯익은 골목_룩셈부르크 룩셈부르크시티

28
노천카페에서

디낭의 뫼즈강변 길을 걷다가 다리 위에서 이야기를 나누는 연인의 모습에 잠시 눈길이 멈췄다. 그리운 이들이 많아서 그런가 보다. 다리 위 연인의 모습이 잘 보이는 노천카페에 자리를 잡고 그리운 인연들을 생각하며 그들을 스케치했다.

강바람이 약간 쌀쌀했지만 커피는 노천에서 마셔야 제 맛이지, 혼잣말을 하며 웃었다. 내 웃음을 봤는지 맞은편 테이블에 홀로 앉아 와인을 마시던 노신사가 멋진 눈웃음을 지으며 슬쩍 잔을 들어올렸다. 먼 훗날의 내 모습도 저토록 여유 있고, 너그러워 보였으면. 나도 웃으며 커피잔으로 건배를 했다.

당신의 이야기_벨기에 디낭

29
이 세상 어딘가에는

세찬 바람 때문에 눈을 제대로 뜨지도 못했다. 성당 뒤편의 요새 난간 앞에 쪼그려 앉아 난간 사이로 뫼즈강변과 건너편 시가지를 바라봤다. 저 건너편 어딘가에서 내가 서 있는 이 자리를 보며 감격하고 있을지 모를 다른 여행자를 떠올렸다.

이 세상 어딘가에는, 나와 같은 감정의 결을 지닌 이가 또 있겠지?

그녀는 흔들릴 때마다 삐걱거리는 그네에 앉아 하늘을 바라보고 있었다. 그녀는 그런 사람을 찾았을까?

파란 케이블카를 타세요_벨기에 디낭

30
아름다움의 발견

같은 장소인데 낮의 얼굴과 밤의 얼굴이 참 다르다. 사람의 얼굴도 마찬가지다.

곰곰이 생각해보니 낮과 밤에 따라 달라지는 건 어쩌면 얼굴이 아니라 마음인 것 같다. 낮에는 시선을 두어야 할 곳이 너무 많아 아름다운 것을 앞에 두고도 그 가치를 모르지만, 밤에는 눈앞에 것만 집중하고 찬찬히 살펴보게 된다. 아름다움에 조금 더 민감하니까.

오늘 광장에서 그녀와 마주 앉아 맥주를 마셨다. 세상의 빛은 모두 꺼지고 그녀라는 빛만 켜진 것처럼 아름답게 보였다. 혼자 부끄러움과 설렘에 얼굴이 화끈거렸지만 술기운으로 달아오른 탓에 붉어진 얼굴을 숨길 수 있었다.

그녀에게로만 흐르는 내 마음이 이젠 불안하고 무섭게 느껴졌다.

가슴이 붉게 물들어_18cm x 14cm_벨기에 브뤼셀

31
밤의 힘

그랑플라스 광장에 어둠이 내리면서 파란 하늘은 짙은 흑청색으로 변했다. 나는 광장의 전경이 한눈에 들어오는 구석자리에 앉아 시간이 흐르는 것을 가만히 지켜봤다. 광장은 점점 어둠속으로 빨려들었다.

밤은 멀리 있는 것도 가깝게 끌어당긴다. 멀리 있는 것은 가까이, 가까이 있는 것은 더 가까이. 그리하여 어둠속에서는 눈에 보이는 것이 모두 같은 위치에 놓인다. 좁혀진 거리만큼 밤의 사물은 내밀하고 가깝고 적나라하다.

밤이 되면 수천 킬로미터 밖의 사람도 곁에 있는 듯이 느껴졌던 이유를 이제야 알겠다.

푸른 하늘이 있는 밤_벨기에 브뤼셀

\# 32
긴 여행을 떠난 친구 소식

삶과 죽음은 언제나 같은 자리에 있다. 그러나 사는 동안은 죽음을 인식하지 못한다. 마치 공기가 온 세상을 채우고 있지만 느끼지 못하듯.

브뤼셀을 대표하는 관광명소 앞에서 요란스럽게 사진을 찍는 수많은 사람들, 유명 와플가게 앞에 늘어선 사람들, 물건을 팔거나 집으로 돌아가는 아이들, 시장을 보러가는 노부부의 일상에 끼어 걷다가 오랜만에 걸려온 전화 한 통을 받았다. 친구의 부음을 알리는 황망한 목소리. 마지막 작별 인사도 없이 기나긴 여행을 떠난 친구와 진짜 여행을 떠나와 친구의 마지막을 함께 하지도 못하게 되나. 우리들의 생은 늘 엇갈림의 연속인가. 낯선 거리에서 그날 나는 내내 혼자 울었다. 피곤하다며 먼저 숙소로 돌아간 그녀가 곁에 없는 것이 다행이라고 생각하면서도 한편으론 그녀에게 먼저 간 친구 이야기를 하며 울고 싶기도 했다.

밤의 입구_벨기에 브뤼셀

33

어떤 날

극적인 순간_네델란드 암스테르담

　하루 종일 줄만 서서 기다려야 했던 날. 렘브란트의 그림을 보기 위해 국립미술관 앞에서 줄을 서고, 고흐의 작품을 보기 위해 고흐미술관 앞에서 두 시간 이상을 또 줄 서서 기다렸다. 〈안네의 일기〉를 쓴 그 안네의 집 앞에서 다시 두 시간을 기다려 겨우 안네 가족이 살았던 현장을 살펴보고 나왔다. 내가 간절히 꿈꾸며 보고 싶어했던 것들인데, 여행 일정을 하나씩 채워가는 게 모두 숙제처럼 느껴졌다. 엄마에게 혼나가며 의무적으로 겨우겨우 숙제를 마친 기분이었다. 이게 아닌데…… 여행도 일상과 같아서, 가끔은 뜻대로 되지 않을 때가 있다.

　주차장으로 가는 길에 만난 작은 다리와 전차, 자전거를 타고 지나가는 사람들 사이로 내리 쬐는 해질녘 햇살이 눈부셨다. 평범한 순간이 만드는 아름다움에 괜히 울컥했다.

34
두고 온 것들에 대한 그리움

구름 한 조각 걸리지 않은 짙고 파란 하늘. 그 파란 하늘은 나를 설레게도 하고 아프게도 한다. 하늘을 올려다보며 지난 시간과 아름다운 사람을 떠올릴 때는 행복하지만 그 생각의 끝에서는 종종 괴로움과 마주친다.

그녀와 나는 대화 없이 풍차가 길게 늘어선 길을 나란히 걷다가 커피를 사서 노천에 있는 벤치에 앉았다. 뜬금없이 그녀에게 서울 방향이 어딘지 묻고, 두고 온 것들이 그립지 않느냐는 질문을 했다. 하지만 그녀는 그 순간의 내 질문을 이미 알고 있었다는 듯 태연한 표정이었다.

"당연하게 누리던 것들의 소중함, 잃어봐야 알게 되는 절실함, 떠나봐야 느껴지는 애틋함, 길 위에서 조금씩 더디게 배우고 있어요."

그리움을 그리워하다_네델란드 암스테르담

35
상수시 궁전에서

    여러 계절을 동시에 느낄 수 있는 포츠담의 상수시 궁전 어느 자리에서 그리운 얼굴들을 떠올렸다. 어쩌면 그들의 기억 속에 나는, 나의 자리는, 이렇게 낡고 텅 빈 유물의 공간이 되었을 것만 같았다.

시간이 쌓인 자리_독일 포츠담

36
표정이 살아 있는 삶

벤치에 앉아 광장의 사람들을 무심코 본다. 그들의 얼굴은 모두 환히 웃고 있다. 다른 이의 눈에 비친 나의 얼굴도 저럴까? 저렇게 여유와 행복이 가득 찬 표정일까? 여행이 아니라면, 생활에서는 나오지 않는 표정. 적당한 긴장과 느긋한 여유가 묻어나는 표정. 하루하루 내 생활 속에서도 그런 표정을 지을 수 있다면!

고통도 걱정도 없는 삶. 행복하기만한 삶. 단 하나의 슬픔도 없는 삶. 늘 웃는 삶. 모든 사람들이 꿈꾸고 바라는 삶일지도 모른다. 나, 너무 힘든데…… 걱정 없는 삶을 좀 누려봤으면…… 힘든 일이 닥치면 그 바람은 더욱 간절해진다. 하지만 그토록 원하고 바라던 삶이 온대도 우린 눈치채지 못한 채 여선히 길망만 키우게 될지 모른다. 고통, 절망, 슬픔, 좌절 같은 쓴맛을 봐야 열매가 단 줄을 알 테니까. 쓴맛을 모르면 단맛도 느낄 수 없는 걸 테니. 쓰고 아픈 열매를 늘 씹고 삼켜왔기에 우리는 지금 이 자리에서 잠시 달게 쉴 수 있는 것일지도.

그 해 겨울나무_19cm x 23cm_독일 베를린

나무를 품은 벽_23cm x 27cm_독일 베를린

37
시간의 늪

　　그리운 것이 많을수록 시간은 더디게 흐른다. 찬찬히 곱씹고 또 곱씹어 같은 시간도 여러 번 마디게 지난다. 어제 미술관 앞에서 본 이름 모를 꽃과 나무, 잔디밭 위 사람들, 북적이던 광장은 오늘 저녁 숙소에서 다시 재생됐다. 잠들기 전 침대에서 '오늘 하루'가 천천히 다시 흘렀다. 카메라 안에서, 기억 속에서 그리운 것들을 꺼내어 곱씹고 되씹어 차곡차곡 쌓았다. 오늘처럼 푸르거나 비가 종일토록 내리는 날이면 그리움의 늪에 더 깊이 빠져들었다. 알람처럼 누군가 깨워주기 전까지는 스스로 나오지 못하는 더딘 시간의 늪.

　　딸깍!

　　그녀가 있는 옆방에서 전등 스위치 소리가 들렸다. 깊은 그리움 안에서도 신경은 온통 그녀에게 쏠려 있었나 보다. 그녀는 잠들기 위해 전등을 끈 것일까, 아니면 뒤척이다 일어나 전등을 켠 것일까? 귀를 세우고 새벽까지 그녀의 다음 스위치 소리를 기다리다 의자에서 잠이 들었다.

공유한 기억_독일 베를린

38
프라하 성에서 본 하늘

높은 곳에서 파란 하늘을 보고 싶은 날이었다. 카를교를 지나 프라하 성으로 올라가는 길은 여행객들로 가득했다. 좀 더 이른 시간이나 한적한 길을 선택하지 못한 게 아쉬웠다. 일부러 좁은 골목으로 들어서 프라하 성 방향으로 걸었다.

한참을 돌아 돌아, 현지인들이 사는 골목길을 지나 프라하 성에 도착했다. 걸어 올라오면서 돌아보지 않은 하늘을 성 마당에서 처음 올려다봤다. 해를 등지고 선 자리에서 보는 파랑은 쌓이고 쌓인 마음의 먼지를 사라지게 했다.

신호등 앞에서_체코 프라하

39
그리움은 항상 높은 곳과 물이 있는 곳에 모인다

그리움은 항상 높은 곳과 물이 있는 곳에 모이나 보다. 프라하 성을 내려와 카를교에 다시 돌아오니 가슴 속에 눌러두었던 그리움이 못 참겠다는 듯 눈을 떴다. 다리 난간에 오래오래 앉아 있다가 그리움에게 모든 에너지를 빼앗길 것 같은 생각이 들어 덜컥 겁이 났다.

발트슈테인 정원에서 만나기로 한 그녀는 지금쯤 어디에 있을지 궁금했다.

당신이 없는 시간 2_14cm x 18cm_체코 프라하

40
사라지는 트램의 뒷모습

여행에선 걷지 않는다면 늘 트램을 타려고 한다. 목적지도 없이 순환하는 트램을 타고 맨 뒷자리에 앉아 창밖을 구경하면 정말 자유로운 여행자가 된 기분이 들기 때문이다. 모퉁이를 돌아 낡은 트램이 들어오는 게 보였다.

발트슈테인 정원 가는 길. 앞서 가던 여행자가 골목을 돌아 들어오는 트램을 사진에 담았다. 그 순간 그녀의 목소리가 들려왔다.

"트램이 멀리서 내게 다가오는 모습을 보면 늘 설레요."

"그럼, 트램을 타고 시내를 돌아볼까요?"

"이뇨, 트램이 내 앞을 지나 모퉁이로 사라지면 다른 시간으로 빨려 들어가는 것 같아 신기하고 두근두근해요. 하지만 내가 그것에 오르면 트램이 지닌 모든 판타지가 맑은 날의 안개처럼 사라질 것 같아요. 어떤 것은 그냥 이렇게 날 두고 사라질 때 가장 아름다워요."

22
8571

카를교 가는 길목에서 만난 전차_체코 프라하

올드 타운 스퀘어_체코 프라하

41
프라하에서 아비뇽을 떠올리는 이유

어렵게 구한 구시가 광장이 내려다보이는 아파트에서 창밖을 보며 계속 아비뇽이 떠올랐다. 성당의 첨탑이 가까이 있고 붉은 지붕의 모습이 비슷한 느낌을 주는 것인가 생각해 봤지만 도무지 이유를 알 수 없었다. 혹시 그녀도 그럴까?

갑자기 아비뇽의 로세돔 공원의 저녁으로 돌아가고 싶다는 생각이 들었다. 슬픈 대로, 그리운 대로, 아픈 대로, 행복한 대로 모두 다 꺼내 풀어두었던 곳. 다시 그날 해질녘 따뜻했던 외로움이 눈을 떴다.

비 내리는 비엔나의 밤

비엔나의 밤이 궁금해 다시 구시가지로 나왔다. 그녀와 나는 각자 원하는 곳을 다니다가 성당 앞에서 만나기로 했다. 여기저기 돌고 돌아 성당 앞에 멈추었다. 갑자기 후두둑 내리는 비에 놀라 성당 건너편 카페로 들어가 커피를 주문했다. 그녀에게는 성당 건너편 카페로 들어오라고 서둘러 문자를 남겼다. 성당이 잘 보이는 구석 자리에 앉아 빗물에 색이 더 깊어지는 성당의 모습을 바라보며 그녀를 기다렸다. 커피가 차게 식어가도록 그녀는 도착하지 않았다. 나는 창밖만 무심코 바라보았다. 문득 커피 생각이 나서 한 모금 마셨더니, 다 식어버린 커피의 맛은 더욱 진해져 있었다.

아름다운 어둠_73cm x 53cm_오스트리아 빈

비 내리는 비엔나의 밤, 그녀를 기다리는 이 순간. 영화 〈비포 썬 라이즈〉를 떠올린 것은 어쩌면 당연한 일일지도 몰랐다. 셀린느와 제시가 레코드 가게 부스에서 함께 들었던 'Come Here'를 들었다. 가만히 가로등 켜진 성당 주변을 살폈다. 왠지 이 밤 어디에선가 애달프게 헤어지는 연인을 만날 것만 같다. 어디에선가 줄리 델피와 에단 호크가 밤거리를 걷고 있을 것만 같다.

시간이 한참 지나고서야 성당 앞에 그녀가 나타났다. 그녀는 성당 앞에서 길을 건너 카페 안으로 들어왔다. 그녀의 얼굴에는 하얀 미소가 가득 번졌다. 내 앞으로 다가와 앉는 그녀에게서 레몬꽃 향기가 났다. 레몬꽃 같은 그 순간의 그녀. 그 미소가 내 마음에 오래도록 남았다. 어쩌면 그녀의 마음에도 작은 일렁임이 있는 게 아닐까?

\# 43
어떤 무희

　　자연사박물관을 지나 레오폴트 미술관으로 가는 길 광장 구석에서 기타 반주자와 공연을 하는 무희를 만났다. 연주가 시작되고 음의 높이가 점점 높아지자 화려한 의상을 입은 무희가 자리에서 일어나 멈춘 듯 섰다. 나는 무희가 멈추어 있을 때 스케치를 하려고 바삐 펜을 놀리기 시작했다. 하지만 먼 곳을 응시하는 그녀의 애틋한 눈빛과 작은 손놀림에 펜을 멈추었다. 바닥을 구르는 발놀림에 더 이상 그녀를 그릴 수 없었다. 대신 그녀의 세상으로 여행을 시작했다. 그녀의 춤에는 슬프다, 그립다는 말로는 표현할 수 없는 그 너머의 것이 있었다.

나를 잊지 말아요_오스트리아 빈

44
나를 만나는 시간

여행은 내가 가장 그리워하는 나를 만나는 시간이다. 대성당 앞에서 일몰을 배경으로 한 컷을 찍었던 그 날의 '나'는 여전히 그 모습으로 그 자리에 앉아 있을 것 같다.

날은 덥지만 별은 차갑게 빛나는 밤이다.

먼 기억이 눈을 뜨면_33cm x 24cm_오스트리아 잘츠부르크

45

여행의 설렘은

특별한 일상_오스트리아 잘츠부르크

별다를 것 없는 이 길에서 난 참 행복하다. 여행이 주는 설렘은 모두 네 번 찾아온다. 떠날 곳을 정하고 준비하며 기다리는 동안 한 번, 마침내 갈망하던 그곳에 도착했을 때 한 번, 계획했던 장소와 일정을 벗어나는 순간 한 번, 그리고 여행을 마치고 돌아와 어느 날 우연히 여행에서 마주친 장면과 비슷한 순간을 만나는 때에 한 번.

46
돌아봐야 보이는 것들

화려한 꽃과 분수로 꾸며진 정원에 취해 사진을 찍다가 문득 뒤를 돌아보았다. 내가 걸어온 길. 올 때는 미라벨 정원을 찾느라 지나치기만 했던 아름다운 순간이 등 뒤에 펼쳐졌다. 돌아보지 않았다면 알 수 없었던 순간. 내가 놓치고 지나온 아름다운 일, 아름다운 사람이 얼마나 많았을까?

나무 그늘 아래 벤치에 앉아 무언가를 쓰고 있던 그녀가 보이지 않았다. 자리에 멈춰 서서 천천히 주변을 살펴보다가 분수대 뒤편에 서 있는 그녀와 눈이 마주쳤다. 그녀가 웃으며 다가왔다.

"저, 찾았어요?"
"아…… 네…… 갑자기 안 보여서요…… 정원 좀 돌아봤어요?"
"네, 슬쩍 돌아봤어요. 이거 받아요."

그녀는 딱지 모양으로 접은 쪽지를 내게 내밀었다. 의자에 앉아 나를 위해 무언가를 썼다고 생각하자, 가슴이 쿵쾅거렸다. 모르는 척 받아들었다.

"이게 뭐에요? 편지에요? 언제 썼어요?"

"아까 벤치에 앉아서요. 그냥 쪽지에요. 오늘은 가까이 있는 누군가에게 무엇이든 쓰고 싶어서요. 별 거 아니에요. 롤랑 바르트 아시죠? 〈사랑의 단상〉에 나와 있는 글이에요. 전 정원 안쪽을 좀 더 둘러보고 올게요."

그녀가 시야에서 벗어나자마자 접은 쪽지를 폈다. 여러 번 접고 편 자국이 남은 종이에서 어떻게 접어야 할까 고민했을 그녀의 마음이 느껴졌다.

감추기: 심의적인 문형. 사랑하는 사람은 사랑의 대상에게 그의 사랑을 고백해야 할지 어떨지를 자문하는 게 아니라 사랑에 빠진 마음의 혼란을, 그 소용돌이를 어느 정도로 감추어야 할지를 자문한다. 그 욕망, 그 절망감, 그 지나침.

사랑에 빠진 내 정념에 신중함의 가면을 씌우는 것, 바로 거기에 진짜 영웅적인 가치가 있다. "고매한 영혼들은 자신이 느끼는 혼란을 주변에 퍼뜨려서는 안 된다"(클로틸드 드 보). 발자크 소설의 주인공인 파즈 대위는 가장 친한 친구의 부인을 죽도록 사랑하나, 그 사실을 완벽하게 은폐하기 위해 마치 자기에게 정부가 있다는 듯 꾸며댄다. 그렇지만 사랑에 빠진 마음을(다만 그 지나침을) 완전히 감춘다는 것은 있을 수 없는 일이다. 그것은 인간이란 주체가 너무 나약해서가 아니라, 그 마음은 본질적으로 보여지기 위해 만들어졌기 때문이다. 감추는 것이 보여져야만 한다. 내가 당신에게 뭔가 감추는 중이라는 걸 좀 아세요, 이것이 지금 내가 해결해야 하는 능동적인 패러독스이다. 그것은 동시에, 알려져야 하고 또 알려지지 말아야 한다. 다시 말하면 내가 그것을 보이고 싶어하지 않는다는 것을 당신은 알아야만 한다. 내가 보내는 메시지는 바로 그것이다. 나는 내 정념에 가면을 씌우고 있으나, 또한 은밀한 손길로 이 가면을 가리키고 있다. 모든 '사랑의 마음'은 결국에 가서는 관객을 가지게 마련이다.

세상 밖으로_19cm x 24cm_오스트리아 잘츠부르크

47
밀밭 한가운데 있는 작은 교회

노이슈반슈테인 성을 보러 가는 길에 만난 마을 초입에 있는 작은 교회에 자꾸 눈이 가 지나치지 못하고 차를 돌렸다. 그녀도 내가 그렇게 하는 것이 당연하다는 듯 웃었다. 교회는 밀밭의 중간쯤에서 뾰족하고 붉은 첨탑을 머리에 이고 하얀 옷을 입고 있었다.

현실의 삶에선 큰 것, 유명한 것, 많은 사람들에게 인정받는 것을 따르고 있지만, 여행의 시간에서는 소소하고 작은 것에 마음이 먼저 간다. 오로지 나만 생각해도 되고, 가슴에만 담아둔 것을 끄집어내 한참동안 들여다봐도 되는 시간이니까.

마음을 잡아끄는 길_독일 슈방가우

48
붙잡아두고 싶은 시간

붙잡아두고 싶은 시간

늦은 시간 도착한 마리엔 다리. 바람이 많이 불었다. 관광객들도 거의 내려간 시간이라 다리 위에 마침 아무도 없었다. 출렁이는 다리 난간을 붙잡고 노이슈반슈테인 성이 잘 보이는 중간으로 이동했다. 성 뒤로 해가 지고 있었다.

내일 다시 만날 텐데 이토록 아쉬운 것은 사랑하는 이를 마주보면서도 여전히 보고 싶은 마음과 비슷하지 않을까? 해질 무렵이 되면 하루치의 아쉬움이 더해진다. 더욱 선명해지는 아쉬움. 아까운 하루가 또 갔네. 어떻게 하면 이 증상이 사라질까?

마리엔 다리에서_독일 슈방가우

49
모든 것이 행복한 아침

노이슈반슈테인 성이 왼쪽으로 올려다보이는 캠핑장에서 맞는 아침. 새소리, 옆 텐트의 아침식사 준비하는 소리, 이슬 내린 풀과 잔나무가지를 밟으며 걷는 발소리들이 점점 크게 들려 서서히 침낭에서 몸을 일으켰다. 어느새 텐트 내부에 햇살이 가득 찼다.

수건과 칫솔을 들고 샤워장으로 가는 길. 오른쪽 호수에서는 이른 아침부터 수영을 하는 사람들이 보였다. 그 여유로운 순간을 잠시 멍하게 구경하다 보니 모든 것이 행복하다는 게 무엇인지 느껴졌다. 발아래 핀 이름 모를 꽃도, 일상에선 특별하지 않았던 호수도 여행에선 새롭지 않은 것이 없다.

시간이 지나 서울의 어디에서 무심코 발아래 들꽃을 내려다볼 때도, 전철에서 한강을 바라보는 그 특별할 것 없는 순간에도 다시 이 슈방가우에서 맞은 아침 기억이 떠밀려오겠지 하는 생각에 피식 웃음이 났다. 현재를 그리워하고 있을 미래가 벌써 다가와 오버랩됐다.

당신의 그리움 앞에서 3_27cm x 22cm_독일 슈방가우

50
하늘, 하늘

구름 없는 하늘을 한참 올려다보면서 '하늘, 하늘'이라고 발음해봤다. 그러다 갑자기 하늘을 왜 하늘이라 불렀을까 엉뚱한 생각을 했다. 사물에 붙인 말이 그 문자와 아무 연관이 없다는 언어의 자의성을 알면서도 하늘이라는 말과 파란 하늘이 참 잘 어울려 뜬금없이 감동에 젖었다. 저 파란 하늘에 하늘이라 이름 붙인 그 누군가의 마음이 문득 궁금해졌다.

당신이 남긴 하늘_42 cm x 31cm_독일 뮌헨

51
극과 극은 등지고 있다

감기인지 이유 없이 끙끙 앓고 있었다. 목이 아파 식사도 거르고 하루 종일 누워 숙소 창밖으로 시간이 흘러가는 것을 지켜보았다. 문득 아파서 그런 것인지 여행 내내 거의 울리지 않아 편안했던 휴대폰 문자 수신음을 듣고 싶었다.

서둘러 온 것은 서둘러 간다. 그렇게 모든 것이 흘러간다. 대중가요의 가사처럼 외로운 것은 외로운 대로 그리운 것은 그리운 대로, 울고 아파하며 받아들이니 그렇게 지나간다. 극과 극은 서로 닿지 않을 것처럼 떨어져 있지만 돌아보면 항상 등 뒤에 나란히 붙어 서 있다.

길 위에서_독일 뮌헨

52
원 데이

늦게 도착한 뮌헨 외곽 캠핑장은 조용했다. 떨어지기 시작하는 빗방울 때문에 마음이 약간 급해져 텐트부터 쳤다. 모양이 틀어졌지만 바닥이 젖기 전에 자리를 잡아 다행이다. 전지가 많이 닳았는지 랜턴 불빛이 흐렸다. 전날 산 마른 빵을 한 움큼 뜯어 물고 누웠다. 바람도 많이 불어 텐트가 휘청거렸다.

아비뇽에서 그녀와 함께 봤던 영화 〈원 데이One Day〉를 텐트 안에서 혼자 다시 보았다. 처음 보는 영화처럼 낯선 장면과 대사가 많았다. 그날, 얼마나 영화에 집중하지 못했는지 생각하니 웃음이 났다. 온통 그녀 생각으로 멍하게 화면만 들여다봤던 나를 그녀가 혹시 눈치채고 있었을지도 모른다는 생각에 부끄러워졌다.

방갈로에서 잠이 들었을 그녀는 무슨 꿈을 꾸고 있을까?

당신이 없는 시간_73cm x 53cm_독일 뮌헨

53

진한 버터향으로 시작하는 아침

진한 버터향으로 시작하는 아침

하늘이 흐른다_독일 하이델베르크

유럽 캠핑장의 아침은 버터를 듬뿍 발라 굽는 빵과 구수한 커피향으로 시작된다. 텐트 안에서 늦잠을 자려고 해도 그 향 때문에 도저히 일어나지 않고는 못 배기는 경우가 많다. 눈도 제대로 못 뜬 채 일어나 텐트 밖을 배꼼히 내다보았다. 날이 밝은 캠핑장은 영화에서나 볼 만한 아침을 선시했다. 바게트 빵이 가득 담긴 종이봉투를 끌어안은 아들이 자전거 뒷자리에 앉고, 금발의 멋진 아빠가 씨익 웃으며 내게 인사를 건네고 지나갔다. 새벽까지 쏟아지던 비는 모두 그쳤다. 자동차 없이 하이델베르크 시내로 나가기 위해 서둘러 텐트를 정리했다.

부랴부랴 캠핑장을 나섰지만 어느새 점심나절. 한낮의 태양도 고도가 낮아 그림자가 길었다. 중세시대 마차와 사람들이 다녔을 골목을 지나고 지나 골목 끝으로 성당이 보였다. 몇 백 년 전 사람들도 이 길을 걷고, 저 성당에서 약속을 잡았겠지. 시간이 켜켜이 쌓인 골목은 언제나 좋다. 빨리 걷고 싶어도 여기저기 둘러보느라 멈춰 서기 일쑤였다. 다음 걸음을 내딛어야 한다는 걸 일부러라도 의식해야만 앞으로 나갈 수 있다. 조금씩이라도.

54
여행의 과정

오늘의 목적지까지 찾아가는 길. 지도를 보고, 표지판을 찾느라 한참 시간을 보냈다. 목적지를 찾느라 헤매는 사이, 아깝고 소중하고 매력적인 것들을 그냥 지나치지는 않았을까? 목적지만 생각하다 보면 지나가는 과정들이 모두 가뭇없이 연기가 되고 만다. 무사히 도착하는 데만 관심 갖지는 말아야 한다. 어디든 이르기까지의 과정 그 자체가 여행이기에.

푸른 물이 떨어진다_독일 하이델베르크

55
받아들임

새벽에 내리는 비를 걱정하며 뒤척이다 잠이 들었다. 그러나 아침 하늘은 햇살로 가득했다. 걱정하고 마음 써도 해결할 수 없다는 걸 알면서 늘 부질없는 마음을 버리지 못한다. 날이 맑으면 맑아서 좋고, 흐리면 운치 있어 좋다고, 날씨처럼 결국 받아들일 수밖에 없으면서……. 그 '받아들임'의 마음을 미리 내면 걱정할 것도 없고 참 좋을 텐데 말이다.

그녀와의 시간이 그리 길게 남지 않았음을 느꼈다. 며칠 후에 다른 곳으로 떠난다는 말을 한 것도 아닌데 가슴 한쪽이 답답하고 이상했다. 구엘 공원의 상징물인 도마뱀상 옆 의자에 앉아 스케치를 했다. 그녀가 멀리서 날 지켜보고 있다는 것이 느껴졌다. 억지로 그림을 그리며 그녀가 고개를 돌리고 다른 자리로 이동해 주길 기다렸다. 한참이 지나도 그녀는 계속 그 자리에 있는 것 같아 내가 먼저 그림을 정리하고 일어섰다. 혼자만의 연기였지만 주차할 곳이 없어 근처 공터에 주차한 자동차가 걱정이 된다는 듯 공원 정문으로 자리를 옮겼다. 하지만 혼자 만든 설정이 현실이 되어 눈 앞에 펼쳐지고 있었다. 내 자동차를 주차 단속 차량이 견인하려고 크레인에 걸어 들어올리고 있었다. 나는 급하게 달려가 단속원에게 인사부터 했다. 그러고는 알고 있는 스페인어와 영어를 모두 쏟아내 주차할 곳이 없었다는 것, 나는 여행자라 잘 몰랐다는 것, 당장 차를 이동하겠다는 것, 한 번만 봐달라는 것을 설명했다. 그러나 돌아온 것은 영어를 못한다는 단속원의 난감한 표정과 날 안타깝게 바라보는 눈빛이었다. 이 자리에서 범칙금을 내겠다는 것도 받아들여지지 않았다. 그리고는 내게 붉은 삼각형 모양의 견인을 알리는 종이와 차량이 보관되어 있을 장소가 기록된 노란색 안내문을 남기고 떠났다. 네비게이션으로 겨우 관광지나 찾는 내가 무슨 수로 주소를 읽고 그 자리를 찾아갈 수 있을까 난감했다. 그때 마침 그녀가 날 찾아왔다.

"무슨 일이에요? 어? 저거 우리 차 아니에요?"

"네, 맞아요. 불법 주차로 단속됐는데 봐주질 않고 이 종이만 남기고 가버렸어요. 어쩌죠?"

주소가 적힌 종이를 한참 들여다본 그녀는 구엘 공원 앞에 줄지어선 택시로 다가가 우리 상황을 지켜보고 있던 택시 기사에게 도움을 요청했다. 푸근해 보이는 아저씨는 사람 좋은 웃음을 지으며 내게 악수를 청하고 '노 프라블럼'을 연발하며 차를 몰았다. 택시는 10여 분을 달려 견인 차량이 모여 있는 장소로 우리를 데려다주었다.

거금 300유로. 범칙금을 내고 차량을 다시 돌려받았다. 그녀는 웃으며 이런 게 여행의 재미라고 잊어버리라고 했지만 미안한 마음이 너무 컸다. 불필요하게 보낸 시간을 보상해줄 수 없다는 것이 괴로웠다.

차를 몰아 파밀리아 성당 쪽으로 이동했다. 그곳에서 그녀와 잠시 헤어졌다. 저녁에 다시 만나기로 하고.

나는 바르셀로나 해변에 앉아 스케치북을 꺼내 들었다. 운동하거나 산책하는 사람들을 그리기도 하고 정박해 있는 요트를 그리기도 하면서 그녀와 다시 만나기로 한 저녁시간을 기다렸다. 그녀는 파밀리아 성당에서 찍은 재미난 표정의 셀카 사진을 내게 보내왔다. 나는 스케치하고 있던 그림을 찍어 보냈다. 이내, 성당과 람블라스 거리에 사람이 너무 많다는 그녀의 투정어린 문자가 도착했다. 아직도 그림을 그리고 있느냐, 커피라도 마셨느냐, 시시콜콜한 문자도 뜨문뜨문 날아왔다. 내 기분을 풀어주려는 그녀의 마음 씀씀이가 그대로 전해졌다.

스페인으로 넘어오면서부터 그녀가 나를 꽤 편하게 대하고 있다는 것을 느낄 수 있었다. 함께 여행하는 동안 그녀는 자동차 안에서 한 번도 중앙 콘솔박스

구엘 공원 입구가 보이는 풍경_스페인 바르셀로나

에 팔을 올리지 않았다. 자세를 고쳐 앉으면 오히려 문 쪽으로 몸을 기댔다. 간식은 늘 챙겼지만 내 손이 닿는 곳에 올려두는 정도였고, 굉장히 졸려 보이는데도 절대 잠들지 않았다. 그런데 얼마 전부터는 내가 팔을 올리지 않으면 자연스럽게 자신이 콘솔박스를 팔걸이로 쓰기도 하고, 초콜릿이나 오렌지 껍질을 벗겨 직접 내 손 위에 올려주기도 했다. 점심을 먹고 나면 한 시간은 자야 한다며 의자를 젖히고 잠들기도 했다.

여행의 시간이 지날수록 그녀와 나는 한결 스스럼없이 가까워지고 있었다. 수채화 캔버스에 물감이 스미듯 어느 결엔가 서로를 물들이고 있었다. 하지만 그럴수록 나는 두렵거나 혹은 아쉬운 마음이 겹쳐지고 엇갈렸다.

'두 사람 사이에서는 1미터 정도로 간격을 유지하세요.' '두 사람 사이에서는 30센티미터 이하로 간격을 유지하세요.' 관계에 따른 알맞은 거리를 조정해주는 어플리케이션이라도 있었으면 좋으련만.

56
저 너머

　　내 여행은 항상 '너머'를 꿈꾸고 찾아가는 길이었다. 시간 너머, 공간 너머, 일상 너머, 내 마음 너머. 그 너머에 무언가 있을 것 같은 기대. 만나면 얼마나 가슴 벅찰까, 그런 기대가 여행을 떠나게 만드는 힘이었다. 바다를 가리키고 있는 마르코폴로의 동상 아래 원형 교차로를 자동차로 돌다가 혼자 재미있는 상상을 한다. 교차로를 돌 때마다 내게 새겨진 아픔과 슬픔, 외로움이 하나씩 사라진다면 얼마나 좋을까 하고. 한 바퀴에 슬픔 하나, 두 바퀴에 외로움 하나. 껍질처럼 하나씩 하나씩 벗겨진다면! 군더더기도 없이 말끔하게! 말도 안 되는 상상이라고 혼자 피식 웃으면서도 나는 어느새 열두 바퀴째 돌고 있었다.

당신이 가리키는 곳으로_스페인 바르셀로나

57

드디어 카사밀라

람블라스 거리의 골목을 돌고 돌다가 카사밀라를 가리키는 작은 표지판을 찾았다. 그녀는 스페인으로 넘어오기 전부터 카사밀라를 보고 싶다고 말했었다. 우리는 둘 다 약간 들떠 있었다. 잠시 쉬어갈 생각으로 표지판이 붙어 있는 카페에 들어가 에스프레소 한잔을 주문했다.

'Would you like sugar?'

설탕이 필요하냐는 점원의 말이 순간적으로 그녀를 좋아하냐고 묻는 것처럼 들렸다. 나는 깜짝 놀라 아무 말도 않고 점원을 쳐다봤다. 점원은 내가 영어를 못 알아듣는다고 생각했는지 어깨를 으쓱했다. 커피와 함께 설탕통을 건네주면서. 마치 운전하다가 졸릴 때 그녀가 초콜릿을 건네주듯이.

숨겨둔 이야기_스페인 바르셀로나

58
바닥에 닿을 때까지

외롭고 슬프다면 더 아파하고 울어라.

바닥에 닿으면 거기서 딛고 일어서면 되니까.

바다가 보이는 카페_32cm x 41cm_스페인 시체스

59
경계의 선

계절이 바뀌는 경계의 시간은 더 애틋하고 쓸쓸하다. 만남과 이별의 경계에서, 아름답고 소중한 것을 잃게 되리라 예감하면서, 이룰 수 없는 사람과 사랑을 느끼면서, 여행의 마지막 밤에 낯선 거리에서, 해질녘 달리는 자동차 안에서, 삶과 죽음의 자리에서, 극명히 갈리는 두개의 면을 지나는 날카롭고 아슬아슬한 경계의 선.

건너편으로 웅장한 알함브라 궁전이 보이는 알바이신 골목 어딘가에서 돌로 만든 의자에 앉아 노을로 더 진한 황금색으로 바뀌어가는 궁전을 지켜봤다. 그녀는 작은 광장 중간에 세워진 십자가상에 기대어 카메라 액정으로 사진을 살펴보고 있었다. 조금씩 다가오는 경계의 시간이 그녀의 사진과 나의 그림을 채우고 있다.

당신의 자리_스페인 그라나다

60
여우비

비 내린 후_스페인 그라나다

오랜 시간 스케치하며 앉아 있었던 알함브라 궁전의 작은 뜰에 비가 내리기 시작했다. 스케치북과 그림 도구를 챙겨 얼른 비를 피했다. 하늘은 여전히 맑고 햇볕도 그대로인데 여우비가 내렸다. 그렇게 5분 정도 내리더니 아무 일도 없었던 것처럼 말갛게 갰다. '잠깐 멈춤' 신호 같다. 얼음땡 놀이 같기도 하다. 바쁘게 움직이는 세상을 잠시 멈추게 했다가 다시 움직이게 하는 짓궂음. 얄궂다.

비가 그친 하늘은 한결 더 깨끗했다. 알바이신이 보이는 알함브라 궁전에서 스케치를 하다보면 저절로 알게 된다. 낡고 낮고 수수한 것이 얼마나 아름다운지. 혼탁한 세상의 모든 것들이 다시 선명해진다.

61

그라나다의 하늘은 더 푸르다

그라나다의 하늘이 눈부시다. 올려다보고 있으면 내 눈도, 옷도, 가슴도 파랗게 변해버릴 것 같은 청색이다. 이 순간이 그냥 그대로 행복하다.

마냥 하늘만 바라보고 싶은 날. 하늘만 봐도 저절로 미소가 새어 나오는 날. 그녀도 나만큼이나 파란 하늘을 좋아한다. 그녀는 저 파란 하늘을 보며 무엇을 그리워하고 있을까. 그녀와 함께 바라보아서, 내게는 이 푸른 하늘이 더 눈 시리게 아름답다는 것을 그녀는 알고 있을까?

모퉁이를 돌아서면_스페인 그라나다

스케치북 속의 풍경

말라가를 떠나 론다로 네비게이션을 맞추고 시동을 걸었다. 부슬부슬 내리던 비가 점점 거세졌다. 차창과 지붕에 떨어지는 빗소리가 아주 컸다. 늦은 밤 아무도 없는 도로 위를 달리며 빗소리와 함께 김광석의 '바람이 불어오는 곳'을 들었다. 노래는 책과 사진으로만 보던 론다를 아주 오래전 다녀온 낯익은 도시로 만들었다. 구불거리는 산길은 미끄러워 속도를 늦췄다. 여행의 길은 지루할 틈이 없다.

한 시간가량 더 달리니 멀리 마을의 가로등 빛이 보이기 시작했다. 반갑고 안심이 됐다. 회색 돌로 만들어진 차가운 도시가 주황빛 가로등 덕분에 따뜻하게 여겨졌다. 언제 봐도 좋은 가로등 불빛. 어둠과 안개에 싸인 론다의 누에보 다리는 신비롭고, 무섭고, 아름다웠다. 다리에서 내려다보는 협곡은 아찔해서 자신도 모르게 난간을 찾아 붙잡게 만들었다. 마을은 워낙 작아 예약한 숙소는 쉽게 찾을 수 있었다. 좁은 침대에 누워 파란하늘이 펼쳐질 내일 아침을 상상하다가 잠이 들었다.

골목에서 들리는 사람들 소리에 반사적으로 일어나 커튼을 열었다. 바람대로 코발트빛 푸른 하늘이 대기 중이었다. 구름 하나 없는 그런 하늘. 도시는 어젯밤과는 다른 얼굴이었다. 추운 겨울날이지만 강렬한 햇빛과 파란하늘은 마을에 활기를 불어넣었다. 호텔로비에 앉아 크루아상과 커피로 아침을 먹고 연필과 스케치북을 들고 거리로 나왔다. 지도도 이정표도 보지 않고 멈추고 싶은 곳에서 멈추고, 걷고 싶은 골목으로 들어서는 이 순간이 너무나 행복하다. 작은 소도시 여행이 주는 가장 큰 매력 중 하나다. 진짜 여행은 길을 잃고 새로운 길을 만나는 순간 시작된다는 나만의 믿음을 확인시켜주는 바로 그런 순간이다.

마을을 몇 바퀴나 돌며 누에보 다리가 잘 보이는 자리를 찾다가 발견한 골목의 작은 성당에서 잠시 걸음을 멈췄다. 성당 맞은편 작은 의자에 앉아 스케치북을 폈다. 파란하늘 아래 황색 성당과 흰 집들은 이미 그림 안에 자리 잡고 있었다.

한창 그림 그리기에 열중하고 있을 때였다. 그녀로부터 누에보 다리 왼쪽 끝을 보라는 문자가 왔다. 양손을 흔들고 있는 그녀가 보였다. 얼굴도 제대로 보이지 않는 거리였지만 레몬꽃처럼 향기로운 그녀의 웃음이 보이는 듯했다.

이곳에 살고 싶다_23 cm x 27cm_스페인 론다

어느 골목길에서 마주친 행복_22 cm x 27cm_스페인 론다

63
론다의 빛바랜 골목길

　이국의 골목길에서 그들에겐 일상적이고, 나에겐 특별한 순간을 만났다. 절벽 위에 세워진 아름다운 누에보 다리보다 내 마음을 사로잡은 것은 론다의 빛바랜 골목길이었다. 이끼와 세월의 흔적이 가득한 건물과 돌담은 여행자의 그리움을 낱낱이 꺼내 흔들어 현기증이 날 정도였다.

꿈 속의 길_스페인 론다

#64
톨레도, 눈물겹도록 아름다운

고속도로를 빠져나와 들어선 톨레도 신시가지의 모습은 특징이 없었다. 우리나라 일산이나 분당의 모습과 비슷했다. 잘 정비된 도로를 통과해 구시가지 방향으로 이동했다. 길이 점차 좁아지고 도로 바닥이 울퉁불퉁한 돌로 바뀌기 시작하면 구시가지에 들어서는 것이다. 나는 유럽 여행에서 이렇게 신시가지에서 구시가지로 들어서는 순간을 병적으로 좋아하는 편이다. 마치 타임머신을 타고 시간을 거슬러 여행을 하는 기분이 들기 때문이다. 예약한 호텔은 알카사르 궁전 바로 옆에 붙어 있었다. 짐은 모두 호텔에 두고 카메라와 스케치북만 들고 다시 차를 몰고 나왔다. 톨레도 구시가지 전경이 보이는 언덕으로 올라가기 위해서였다.

아주 오래 전 어느 책에서 본 한 장의 사진. 바로 그 장면을 실제로 보기 위해 여기까지 왔다. 도시 외곽을 싸고 있는 성벽과 강을 끼고 크게 돌아 파라도르가 있는 언덕으로 올라가다보니 오른편으로 언뜻언뜻 톨레도 전경이 눈에 들어오기 시작했다. 심장이 두근거렸다. 언덕길이라 구불구불 만들어진 도로는 감격의 순간을 한꺼번에 보여주지 않고 조금씩 공개했다. 마지막 굽은 길을 돌아 전경이 모두 보이는 순간은 온몸에 선율이 흘렀다.

내 여행과 그림은 사진 한 장에서 시작되었고, 바로 그 사진 속 풍경이 눈앞에 있었다. 구시가지 전체를 끼고 도는 타호강과 요새처럼 만들어진 외성, 왼쪽 중심에 있는 대성당과 오른쪽 알카사르 성은 완벽한 자리에 위치해 있었다. 그리고 구름 하나 없이 펼쳐진 하늘. 어떤 말로도 설명하기 힘든 판타지의 순간에 내가 존재하고 있는 것이 비현실적이었다. 해질 무렵 올라간 그곳에서 밤이 되고 달이 한참 기울 때까지 걸음을 옮기지 못하고 스케치를 했다. 평생 다시 만날 수 없는 연인을 보내는 마지막 밤처럼.

여행자의 기억 1_163 cm x 97cm_스페인 톨레도

65
눈물 같은 새벽빛

조금씩 어둠으로 덮이는 톨레도의 거리를 걷다 바라본 하늘에 조각달이 걸려 있었다. 알 수 없는 눈물이 왈칵 올라왔다. 고개를 든 채 눈을 깜빡거렸다. 한참동안 눈물을 말리고서야 호텔로 돌아왔다.

지난 밤 미처 다 마시지 못하고 덮어두었던 와인을 다시 꺼냈다. 서늘해지는 가슴을 데우려 연거푸 술을 들이켰다. 하지만 얼굴만 붉어질 뿐 가슴의 온도는 오히려 내려가고 말았다.

의자에서 잠이 들었는지 차가운 새벽 기운에 퍼뜩 정신이 들었다. 창밖으로 다시는 볼 수 없을 만큼 아름다운 새벽이 찾아와 있었다. 너무 아프게 다가온 새벽 어스름. 어젯밤 얼룩진 눈물자국 위로 한 줄, 두 줄 새벽빛이 흘러내렸다.

낮에 기념품점에서 산 엽서를 꺼냈다. 그녀에게 마음을 전하는 편지를 쓰고 싶었다. 전해줄 수 있을지는 알 수 없지만 이 순간의 내 마음과 우리들의 여행 이야기를 적어 그녀에게 들려주고 싶었다.

그곳에서 시간이 멈추다_23cm x 27cm_스페인 톨레도

66
낮달

눈부신 태양, 파란하늘에 낮달이 떠 있다. 하얀 낮달. 달은 낮에도 지지 않는다. 우리 눈에 보이지 않는다고 없어지는 게 아니다. 모양이 바뀌지도 않는다. 달은 늘 거기, 그 모습 그대로 떠 있다. 초승달도, 반달도, 보름달도 달은 모른다. 달의 모양이 변한다고 믿는 건 사람들의 눈일 뿐. 슬프다거나 처연하다거나 충만하다거나 하는 모든 수사도 달 본연의 것은 아니다. 그저 말하기 좋아하는 사람들의 표현일 뿐. 달은 오로지 달답게 그저 거기, 그냥 있다.

대성당 가는 길_스페인 톨레도

67
청량한 눈물

　　새벽 공기는 청량하고 시렸다. 현기증이 일어날 만큼 맑고 파란 하늘과 궁전을 스케치하다 보니 서울에 두고 온 사람들과 인연을 맺고 있는 모든 것들이 그리웠다. 눈물이 날 것 같아 눈을 끔뻑거리며 찬바람에 눈물을 말렸다. 나는, 항상 내가 남들에게 어떻게 보일까 걱정하는 데서 자유롭지 못했다. 나를 아는 이 없는 이 순간만큼은 눈물이 나면 나는 대로, 슬프면 슬픈 대로 그냥 두고 싶다. 그러자 참아둔 눈물이 아주 시원하게 쏟아졌다.

중정 안의 풍경_스페인 엘에스코리알

68

거리의 악사

애틋한 눈빛의 거리 연주가. 그는 누구를 떠올리며 연주하고 있을까? 소박한 음악이 거리를 빛내던 순간.

음악이 있는 시간_스페인 엘에스코리알

등 뒤의 그녀

오래된 중세 성곽을 따라 걷다가, 마주 오는 사람과 부딪힐 만큼 좁은 골목길을 걷다가, 문득문득 뒤돌아보면 그녀가 없다. 어느 결에 사라져, 작은 카페 창문 앞에서 사진을 찍고 있거나, 길고양이 앞에 쪼그려 앉아 점심으로 남겨둔 쿠키를 꺼내놓고 있다. 뒤따라오는 줄 알고 주저리주저리 풀어놓은 내 이야기는 허공에다 날아가버리고 만다. 민망하고 어이없어도 그런 그녀의 모습에 웃음이 난다.

보라색 골목으로 걸어간 그녀_19cm x 24cm_스페인 엘에스코리알

70
그 여자

옆 테이블에 앉은 어느 외국 여인의 모습에 계속 눈이 갔다. 이마 위에 두었던 선글라스를 벗어 내려놓는 모습, 물을 마시지도 않으면서 들었다 놨다 하는 모습, 울리지도 않는 스마트폰의 홈 버튼을 몇 번이나 누르는 모습……. 그녀가 손가락 하나하나 움직이는 것까지도 내 신경회로에 직접 연결된 것처럼 읽혔다. 분명 누군가를 기다리는 것 같았다.

시간이 꽤 흐르는 동안 계속 그 여자에게 시선이 꽂혀, 엉뚱하게도 내가 커피를 세 잔이나 마셨다. 대체 어떤 인간이길래 이토록 안 나타나고 애를 태우나. 그 여자가 바라보는 곳을 내가 더 자주 흘끔거렸다. 만날 사람이 누군지도 모르면서. 시시각각 변하는 그 여자의 표정에 내가 더 조급해졌다.

이러다가 그 여자가 애인을 만나 떠나면 막상 내가 더 허탈하게 생겼다. 끝내 그 여자가 바람을 맞게 된다면 생면부지의 그 여자가 안쓰러워 큰일 났다. 다 정도 병이고, 오지랖도 병이다.

그들만의 시간 1_스페인 세고비아

#71
마법의 약

여행은 언제나 내게 후유증 없는, 완벽하고 강력한 진통제이자 판타지를 경험하게 하는 마법의 약이다.

그들만의 시간 2_스페인 세고비아

72

얼음 속에 갇힐 편지

대성당 앞에서 그녀에게 두 번째 편지를 썼다. 이 편지를 받고 환하게 미소 지을 그녀를 생각하면 행복했다. 하지만 그녀에게 편지를 전하지 못할 것 같았다. 편지는 아마도 오랫동안 얼음 속에 갇힐 것이다.

세고비아 대성당에서_스페인 세고비아

73

낡은 자전거

자전거를 두 시간 대여했다. 구시가지 골목길에서 자전거를 탔다. 덜컹덜컹 달리다 하릴없이 이름 모를 광장 분수대 앞에 멈춰 서보고, 광장 주변을 몇 바퀴 휘휘 돌아보기도 했다. 낡은 자전거는 뒤틀려 삐걱거렸다. 그래도 달릴 때는 괜찮더니 멈추려니까 위태롭게 흔들렸다.

자전거를 한쪽 벽에 비스듬히 세워두고 가만히 바라보았다. 내 삶과 참 비슷한 녀석이다.

낡은 모든 것들에게_스페인 레온

성당의 어둠

　　성당에 들어서면 먼저 온몸을 덮치는 어둠을 만난다. 그 어둠은 공포의 어둠이 아니라 포근함이고 다독임이다. 들뜬 마음이 차분히 가라앉고 평온해진다. 흔들리지도 않고 고요해진다. 길게 늘어선 나무의자에 앉아 중앙으로 가득 들어오는 빛을 보고 있으면 이유 없이 눈물이 흐르기도 한다. 도대체 왜일까? 왜 많은 사람들이 성당의 어둠 속에서 눈물을 흘릴까? 아무 것도 떠올리지 않고, 아무런 기도를 올리지 않아도 눈물이 먼저 마음을 씻기 시작한다. 그렇게 눈물만 흘리다 나와도 생의 무게가 가벼워지는 곳이 있다.

생의 무게_스페인 레온

＃75
파란 하늘
필라르 광장의 풍경_스페인 사라고사

이른 아침, 빵집을 겸하는 작은 카페만 분주했다. 카페에서 에스프레소와 크루아상을 주문하고 아무런 특징도 없는 창 밖 풍경을 보며 무심하게 앉아 있으니 안개가 사라지고 파란하늘이 드러났다.

그녀와 함께 파란하늘을 바라볼 수 있는 시간이 얼마나 더 남은 것일까? 파란하늘을 더 보고 싶은 건지, 그녀를 더 보고 싶은 건지 모르겠다. 성당에서 들려오는 종소리처럼 내 마음도 명확했으면 좋겠다는 생각이 들었다.

#76
좀 웃어 봐요

여행과 맥주에 취해 얼굴이 붉어진 밤.

여행도 고단해질 무렵 그녀가 내 모습을 한 장 찍어주었다. 바닥에 주저앉아 있는 나에게, 좀 웃어 봐요라고 말하면서. 어디든 바닥에 그냥 편하게 주저앉아 웃을 수 있는 저녁. 그녀에게도 그런 날이 많았으면 좋겠다.

고야 앞에서_스페인 사라고사

77

비우는 여행을 위해서

젊은 날의 여행은 언제나 무언가로 가득 차 있다. 트렁크를 열면 와르르 짐이 쏟아진다. 짐뿐이랴. 계획도, 정보도, 기대감도 넘치게 빽빽하다. 아직은 내려놓을 게 없다고, 뺄 게 없다고, 언젠가 다 쓸 데가 있을 거라고, 작은 빈틈도 허락하지 않고 꽉꽉 쑤셔 넣는다.

그러나 지금 내가 움켜쥐고 있는 것이 결국은 내 것이 아님을, 없어도 괜찮은 짐 때문에 내 어깨가 무거운 것임을 곧 알게 된다. 그걸 알게 되려면 시간과 경험이 필요하다. 공짜는 없으니까. 어쩌면 여행이 그러한 삶의 시행착오를 조금은 줄여줄지도 모르겠다.

삶을 비워야 한다면_스페인 팜플로나

언제든 돌아설 수 있는 사이

똑똑똑……

아직 해가 뜨지 않은 새벽이었지만 누군가 방문을 두드렸다. 그녀였다. 같은
옷을 다시 입은 것인지 밤새 잠을 자지 않은 것인지 지난밤과 같은 옷을 그대로
입고 서 있다. 피곤하고 충혈된 눈이다. 밤을 샌 것 같았다.

당신이 그립다_23 cm x 27cm_프랑스 생장피드포르

"무슨 일 있어요? 벌써 외출 준비를 마쳤네요?"

"이런저런 생각을 하다 보니 새벽이더라고요. 저…… 드릴 말씀이 있어요. 전 일정을 좀 일찍 마쳐야 할 것 같아요. 천천히 올라가서 몽생미셸에서 며칠 보내며 여유 있게 이번 여행을 마치려 했는데 나중으로 미뤄야겠네요. 아침 드시고 가까운 기차역에 좀 데려다주실 수 있어요? 파리로 가서 하루 보내고 내일 모레 새벽에 돌아가려고요. 죄송해요. 새벽부터……."

무슨 일이 생긴 거냐며 꼬치꼬치 물을 순 없었다. 우린 언제든 다른 방향으로 돌아설 수 있는 동행일 뿐이니까. 하지만 기차역에서 잘가요 라는 인사 한마디로 보낼 수는 없었다.

"그럼 지금 곧바로 출발해서 같이 몽생미셸로 가요. 저도 가려고 마음먹은 곳이었고요. 모레 새벽에 파리에 내려드리고 전 오베르에 가서 고흐의 무덤을 들르면 되겠네요. 난 파리에 더 머물러도 되니까요. 자유로운 여행자니까 아무 문제없어요."

"아, 그건 너무 죄송해서 안 돼요. 여기서 거리도 너무 멀어요. 지금 출발해도 밤에나 도착할 텐데요. 무리에요."

"여기 내려올 때도 그랬어요. 프랑스는 운전도 편하고 고속도로만 달릴 테니 괜찮아요. 제 말대로 해요. 아침은 가는 길에 휴게소에서 먹는 게 좋겠어요."

79

노래해도 될까요?

　　5시간을 운전하고 왔지만 아직도 절반 이상 더 남았다. 왼쪽 어깨를 쇳덩어리가 누르고 있는 것처럼 아파오기 시작했다. 책을 오래 읽거나 운전을 오래하면 나타나는 증상 중에 하나다. 목을 돌려보기도 하고 등을 시트에서 떼어 허리를 꼿꼿이 세워보기도 했다.

　　고속도로 휴게소가 나오면 차를 멈추고 커피를 한잔 하려 했으나 휴게소 표지판조차도 보이질 않았다. 어깨 결림에 졸음과 지루함이 단짝 친구들처럼 따라왔다. 며칠 전 완전히 고장난 핸드폰에 노래가 많이 담겨 있었다는 하나마나한 생각을 하다가 그녀에게 하는 건지 허공에 대고 하는 건지 애매한 말을 꺼냈다.

　　"너무 졸린데 노래 좀 해도 될까요?"

“네? 노래요? 하하하. 그래요. 많이 힘드시죠? 운전을 도와드리지도 못하고…… 노래를 못해서 제가 해드릴 수도 없고요.”

해도 된다는 말인지 안 된다는 말인지 알 수 없었다. 하지만 허벅지를 꼬집거나 뺨을 때리는 것도 별 효과가 없었으므로, 도저히 졸음을 견딜 수 없었으므로, 에잇 모르겠다! 나는 그냥 노래를 시작했다. 김광석의 ‘잊어야 한다는 마음으로’

노래방 가면 흥에 겨워 늘 부르는 노래라 시작했는데…… 막상 어두운 도로 위 둘만 있는 자동차 안에서 불렀더니 분위기는 참담해지고 말았다.

잊어야 한다는 마음으로_프랑스 보르도

남들 앞에서 노래할 때 잘 떨지 않는 편인데 목소리 한 가닥 한 가닥이 아지랑이 피어오르듯 떨렸다. 당장이라도 눈물을 떨굴 것처럼 흔들리는 목소리가 나왔다. 차 안의 공기는 가라앉고 노래는 절정으로 달려갔다. 그러나 노래가 어떻게 끝이 났는지, 그녀가 박수를 쳐주었는지도 기억나지 않는나. 다민 감은 확실히 사라졌고 방금 보르도를 알리는 표지판을 지나쳤다.

80
울고 있나요?

　해가 질 무렵 몽생미셸 입구에 도착했다. 호텔에 차를 세워둔 채 카메라만 들고 몽생미셸을 향해 뛰다시피 걸었다. 해가 남아 있을 때 모습을 사진에 담고 싶었다. 우리의 서둘러 걷는 모습이 안쓰러웠는지 뒤따라오던 셔틀버스가 우리 앞에 멈추었다. 감사 인사를 하고 버스에 올라탔다. 미리 타고 있던 여행객들도 눈을 맞춰주며 웃었다.

　그녀의 표정은 애매모호했다. 들뜨고 긴장한 것 같기도 했고 울 것 같아 보이기도 했다. 나는 카메라의 설정을 변경하고 빠른 속도로 어두워지는 바다를 초조하게 바라봤다.

　버스에서 내리니 몽생미셸 수도원 뒤로 아주 조금 붉은 기운이 남아 있었다. 바다 위에 떠 있는 것 같은 풍경은 잠시 가슴을 탁 막는 순간이었다. 촬영도 잊고 버스에서 내린 그 자리에서 한참동안 입을 벌리고 선 채 바라보았다. 그녀가 도로 가장자리에 있는 바위에 걸터앉는 것을 슬쩍 보고는 수도원과 하늘과 바다를 카메라에 담았다.

그녀와 멀리 떨어진 자리에서 카메라 렌즈의 줌을 당겨 그녀를 살펴봤다. 고개를 무릎에 묻고 있는 모습이 울고 있는 것 같았다. 무엇이 그녀를 아프게 하는지 알고 싶었지만 물어볼 수 없었다.

완전히 어둠에 덮인 수도원의 모습을 찍고 있을 때 종이 울렸고 그녀는 여전히 그 자리에 앉아 있었다. 일부러 천천히 걸어 그녀 앞에 도착했다. 그녀는 처음 만났을 때처럼 애써 밝은 표정을 지었다. 다행이기도 했고 알 수 없는 슬픔이 내 어깨를 두드리는 것 같기도 했다.

나도 모르게 그녀에게 손을 내밀었다. 그녀는 내 손을 잡고 일어섰다. 밝게 웃고는 있으나 이미 눈물로 얼룩져 있는 그녀의 얼굴을 본 순간 내 마음은 이성을 앞서가 그녀의 팔을 잡아당겼다. 엉겁결에 내 가슴에 안긴 그녀는 잠시 숨을 죽이듯 굳어버렸다. 그러나 금세 깊이 잠든 아기처럼 숨결이 편안해졌다. 내 품에 안겨 그녀는 조금 더 울었을까? 나의 가슴께에 그녀의 눈물이 조금 묻어났을 때 그녀는 민망하고 수줍은 미소를 지으며 슬며시 떨어졌다.

"눈치챘는지 모르겠지만 전 만나는 사람이 있었어요. 그와 헤어지고, 마음도 정리할 겸 여행을 왔는데…… 사람의 인연이라는 게 참 시작보다 끝이 훨씬 더 어려운 것 같아요. 사랑의 색깔은 이미 낡고 바랬는데도 그동안 쌓은 시간 때문인지 끝이 나질 않네요. 끝인 듯 끝나지 않는 관계. 다시 시작하자고 연락이 계속 오고, 그 문제로 또 다투고 다시 헤어지고. 쉽게 끝이 나질 않고 이별이 반복될수록 서로가 겪는 심리적 고통도 계속 되는 것 같아 힘들어요. 그가 지금 몸이 아파 병원에 입원해 있다는데…… 모른 척 여행을 계속 할 수도 없는 이 마음. 나의 이런 마음에도 스스로 지치고 화가 나요. 한국으로 돌아가는 것도 겁이 나네요."

돌아가야 할 길_프랑스 몽생미셸

　“애써서 너무 자세히 말하지 않아도 괜찮아요. 아픈 일이야 누구에게나 있고, 또 누구의 어떤 아픔이라도 시간보다 힘이 세진 않아요.”

　“정말 고마워요. 내색하지도 묻지도 않아줘서. 그런데 어느 때부터인가 또 다른 걱정이 생겼어요. 내 마음이 자꾸 흔들려서요. 함께 가까이 있어도 보고 싶고, 이것저것 궁금하기도 하고요. 이 감정이 정확히 뭔지 모르겠어요. 한국에 있는 전 남자친구가 눈앞에 어른거리다가도 당신을 보면 웃음이 나요. 저 왜 그럴까요?”

　순간 난 가슴에서 무언가가 쿵, 하고 내려앉는 것만 같았다. 기쁘기도 하고 가슴이 답답하기도 한 기분. 낯선 거리를 함께 쏘다니며 느낀 가슴 두근거림이 나 혼자만의 것이 아니었다는 사실에 안도하고 벅차기도 했지만, 그녀가 털어놓은 이야기는 나를 충분히 먹먹하게 만들었다. 자신의 감정 앞에 혼란스러워하는 그녀에게 지난 연인을 잊고 나랑 만나자는 말을 꺼낼 수는 차마 없었다.

'그 혼란스런 마음, 당신만 그런 것은 아니에요. 어쩌면 내가 더 먼저였는지도 몰라요. 난 당신과 비행기에서 처음 고흐에 대해 이야기 나눌 때부터 설레기 시작했으니까요. 여기까지 오는 동안, 그리고 지금 이 순간에도 내 머릿속은 온통 당신뿐이에요. 내가 왜 그런지는 당신이 답해줄래요?'

나는 이렇게 묻고 싶었지만, 말하지 못했다. 그녀의 눈에서 다시 눈물이 가득 차오를 때까지도 난 아무 말 없이 그저 그녀를 바라만 보고 말았다. 그녀의 눈물이 나 때문인 것도 같아서 미안했다. 다시 그녀를 안아줄 수도 없었다. 그녀는 고개를 돌려 혼자 호텔 방향으로 걷기 시작했다. 나는 한참 뒤에서 천천히 그녀의 뒤를 따라 걸을 수밖에 없었다.

#81
눈 쌓인 몽생미셸

약간 놀란 듯 눈이 떠졌다. 사방이 이상할 정도로 고요했다. 창으로 걸어가 문을 열었다. 어젯밤 새벽 1시 이후로 눈이 내렸는지 온 세상이 하얗다. 여전히 함박눈이 소리 없이 내리고 있었다. 마침 그녀에게 일어났냐는 문자가 왔다. 서둘러 씻고 준비해서 호텔 로비로 내려갔다. 몽생미셸 내부를 둘러보고 파리로 이동해서 몇 군데 둘러보려면 여유 있는 시간은 아니었다. 게다가 눈까지 내린다면 더 심각해졌다.

어젯밤 이후 그녀와 나 사이의 대화가 부쩍 줄었다. 표정이 다시 밝아졌는데도 말을 건네기가 이상하게 어려웠고 가슴 속에 부글거리는 말은 많은데 딱 집혀 입으로 올라오는 것은 없었다. 그녀가 앞서 걷고 그녀의 뒤를 따르며 몽생미셸 내부의 집과 성당, 기념품점 등을 사진에 담았다. 중간 중간 그녀 모르게 그녀의 뒷모습을 남겼다.

온 정신이 다른 곳에 쏠렸다. 몽생미셸 수도원과 성당을 보고 나왔는데도 모습이 기억나질 않았다. 막연히 나중에 다시 와야겠다는 생각을 했다. 머릿속은 파리로 이동하는 여정, 그녀와 헤어지는 순간을 상상하는 것만으로 꽉 차 있었다.

여행자의 기억 5_프랑스 몽생미셸

82
그녀를 위한 선물

스노우볼을 흔들어놓으면 둥근 유리구슬 안에 눈이 소복소복 내린다. 그 잠깐의 시간동안 마법처럼 다시 여행의 순간으로 이동한다.

그녀를 위해 작은 스노우볼을 샀다. 선물을 받으며 멋쩍게 웃는 그녀의 모습을 떠올려보았다. 그러면서도 이 선물을 전하는 날이 먼 훗날이기를, 가방 깊숙이 스노우볼을 넣으며 바라고 또 바랐다.

담아둔 기억_프랑스 몽생미셸

83

눈 내리는 파리

다시 갈 수 없는 시간_프랑스 파리

　몽마르뜨 부근의 호스텔 옥탑방까지 캐리어를 들고 올라가는 일은 무척 고역이었다. 하지만 복도 끝에 붙은 낡은 나무문, 19세기부터 썼을 것 같은 녹슨 열쇠는 가슴을 쿵쾅쿵쾅 뛰게 했다. 이쪽저쪽으로 수십 번을 돌리고서야 문을 열었다. 방안엔 오랜 시간이 만들어낸 그윽한 향이 가득했다. 기둥과 서까래가 그대로 노출된 좁은 공간에 누우면 천장의 작은 창이 비스듬히 내다보였다. 테라스에서는 19세기 카유보트의 그림 속에 나오는 풍경이 그대로 펼쳐졌다. 눈 내리는 파리 골목은 아름다웠고, 낯설었고, 영화처럼 인상적이었다. 완벽한 풍경, 특별한 시간. 여행이 주는 기적이다. 여행을 사랑할 수밖에 없는 이유다.

　그녀는 테라스에 기대서서 장난스런 표정으로 말했다. '아, 가기 싫다.' 세 번이나 소리를 질렀다. '아, 가기 싫다. 아, 정말 가기 싫어.' 나는 아무렇지 않은 듯 크게 웃었다. 하지만 가지 말라고, 안 가면 안 되냐는 말은 입 밖으로 내지 못했다.

84
사랑의 탄성

영화 〈비포 선셋〉의 남자 주인공 제시는 소설가가 되어 파리 센강변에 있는 고서점 '세익스피어 앤 컴퍼니'에서 사인회를 연다. 이 서점에서 제시는 9년 전 첫 눈에 반해 하루를 함께 보냈던 셀린느와 재회한다.

긴 세월이 흐른 뒤에도 마음이 서로에게 가닿은 두 사람. 마음과 마음이 서로 이어져 있으면 아무리 오랜 시간이 흘렀다 해도, 바로 엊그제 본 듯 어색함이 없다. 두 사람 사이를 흘러간 9년의 시간은 마치 용수철을 길게 늘여놓은 것만 같다. 언제든 다시 만나려고 마음먹으면 흘러간 시간조차 순식간에 되돌리는 탄성이 있다. 그게 바로 사랑의 힘이다.

세익스피어 앤 컴퍼니_프랑스 파리

85
태양처럼 뜨겁게

노틀담 성당이 보이는 다리에서 내가 파리를 그리워한 이유가 무엇이었을까 생각했다. 분명한 것은 특정한 건축물이나 장소 때문은 아니라는 것. 어쩌면 파리를 그리워한 게 아니라 여행 자체를 그리워했던 것일지도 모른다. 낯설고 아름다운 곳에 나를 내려놓는 것만으로 고단했던 나 자신에 대한 충분한 보상이니까. 그게 여행이니까.

오늘이 마지막인 것처럼 노틀담 성당은 석양 아래서 붉게 타올랐다. 이 순간을 평생 기억하라고 당부하듯, 긴 종이 울렸다. 생의 하루하루도 늘 이 순간 같기를. 후회 없이 어둠 속으로 사라지는 태양처럼 뜨겁기를. 앞서 달려간 그녀가 내게 손을 흔들었다. 내가 반응이 없이 웃기만 하자 그녀는 찡그린 얼굴로 내게 걸어왔다. 그리고는 내 손을 잡았다. 마치 다시는 놓지 않을 것처럼.

노틀담 성당으로 가는 길_프랑스 파리

86
이별의 물랑루즈

그녀는 물랑루즈를 카메라에 담느라 분주했다. 나는 어느 건물 입구 계단에 앉아 그녀를 가만히 바라봤다. 이제 그녀와 마주할 수 있는 시간이 얼마 남지 않았다. 숨을 쉴 때마다 가슴이 찌르르 쑤셨다. 헤어짐은 늘 아프다. 이제 물랑루즈를 지나면 그녀는 언덕 아래로, 나는 언덕 위로 올라갈 것이다. 이대로 시간을 멈출 수 있다면!

언제든 그녀를 떠올릴 때면, 시간이 멈추기를 바랐던 물랑루즈의 순간이 생각나겠지.

물랑루즈_프랑스 파리

87
파리의 폭설

    눈은 멈출 기미를 보이지 않았다. 오랜만에 쏟아진 폭설에, 소방대원들마저 광장에 차를 세워두고 기념사진을 찍었다. 작은 표지판을 보면서 퐁네프 다리를 찾아가다가 어느 골목길에서 잠시 길을 잃었다. 늦은 시간 좁은 골목에는 사람도 없고 간간히 켜진 가로등만 깜빡였다. 순간 등줄기가 오싹해졌다. 내 손을 잡은 그녀의 손에서도 떨림이 느껴졌다. 불 꺼진 골목에서 누군가 튀어나올 듯 했다. 하지만 아무 일도 일어나지 않았다. 걸음을 멈추고 천천히 표지판을 찾다보니 다른 골목에 비해 더 깨끗하고 아름다운 골목이었다. 소박한 나무문과 창문마다 걸린 다양한 장식들, 무심한 듯 놓인 상점의 간판은 따뜻했다. 골목을 빠져나가면 아마도 다시 이 골목을 찾아오진 못하겠지.

    길을 잃었기에 만날 수 있는 순간. 다시는 찾아갈 수 없는 생애 처음이자 마지막 골목.

퐁네프 다리로 가는 골목에서_프랑스 파리

파리의 하얀 밤

그녀와 함께 할 수 있는 시간은 이제 1시간 2분 남았다. 그녀는 내일 새벽 서울로 돌아가고 난 파리 근교 오베르로 갈 것이다. 가서 고흐가 생의 마지막 순간에 보았을 그 풍경 앞에 설 것이다.

커피를 마시지 않는 그녀가 커피를 마시고, 커피를 좋아하는 내가 커피 대신 허브차를 앞에 두고 앉았다. 우리는 함께 하얗게 눈으로 지워지고 있는 파리를 바라봤다. 하고 싶은 말이 한꺼번에 목구멍을 빠져 나오려고 해서 그런지 오히려 아무 말도 하지 못했다. 그녀가 먼저 토하듯 말을 꺼냈다.

"비행기에서 우연히 만났던 것처럼 우리 자연스럽게 헤어져요. 자유로운 여행자처럼요."

"그래, 좋아요. 나도 화장실 좀 다녀올게요."

웨이터에게 화장실용 코인을 받아 들고 지하층에 있는 화장실로 내려갔다. 볼일 없이 들렀기에 이유 없이 손을 씻고, 이유 없이 거울을 한참 들여다봤다. 헤어지는 순간이 두려워서 그런 건지, 그녀가 여유 있게 사라질 시간을 만들어주느라 그런 건지 어느새 마음속으로 끝 모를 숫자를 세고 있었다. 더 천천히, 더 천천히 하나부터 백까지 숫자를 세고 또 손을 씻고, 거울을 본 뒤에야 화장실을 나왔다.

돌아온 자리에 그녀는 없었다. 원래 없었던 것처럼 그녀는 사라졌다. 그리고 사진이 포함된 문자를 내게 보냈다.

"우리가 앉았던 자리를 찍었어요. 서울에서도 함박눈이 내리면 언젠가 생각나는 날이 있을 거예요. 제 가방에 넣어둔 스노우볼도, 엽서도, 그림도 너무 고마워요. 마지막 엽서에 쓴 아무 것도 끝나지 않았다는 당신의 말, 잊지 않을게요. 어쩌면 모든 것은 진짜 이제부터 시작일지 몰라요. 당신도 이제는 고흐와 테오의 무덤 앞에서 너무 아파하지 말아요."

노틀담에서 6시에_24cm x 33cm_프랑스 파리

89
아무 것도 끝나지 않았다

그녀와 함께 한 꿈 같은 여행은 끝이 났다. 하지만 아직 모든게 끝난 것은 아니다. 그녀가 먼저 비행기를 타고 떠난 후 나의 여행은 그 향기를 잃고 말았으나, 나는 알고 있다. 끝은 끝이 아니라 언제나 또 다른 시작과 맞물려 있다는 것을. 여행할 이유도, 사랑할 이유도, 끝과 시작이 맞물린 곳에서 피어나기 마련이니까. 그러므로 내 생의 가장 눈부신 날은 아직 오지 않았고, 여행도 사랑도 아직 아무 것도 끝나지 않았다.

그녀가 떠난 바다_41cm x 32cm_크로아티아 두브로브니크

유럽을 그리다

2015년 12월 25일 초판 1쇄 펴냄

지은이	배종훈
발행인	김산환
편집장	정다운
책임편집	윤소영
영업 마케팅	정용범
디자인	윤지영
펴낸곳	꿈의지도
인쇄	다라니
출력	태산아이
종이	월드페이퍼
주소	경기도 파주시 광인사길 217, 3층
전화	070-7535-9416
팩스	031-955-1530
홈페이지	www.dreammap.co.kr
출판등록	2009년 10월 12일 제82호
ISBN	979-11-86581-36-0-13980

체코 프라하 – 카를교 가는 길목에서 만난 전차

22
8571

체코 프라하 – 올드 타운 스퀘어

체코 프라하 – 신호등 앞에서

스페인 사라고사 – 필라르 광장의 풍경

네덜란드 암스테르담 – 그리움을 그리워하다

벨기에 브뤼셀 – 밤의 입구

벨기에 브뤼셀 – 푸른 하늘이 있는 밤

프랑스 고르드 – 마을 입구에서

프랑스 아를 – 회전목마가 있는 광장의 오후

프랑스 아비뇽 – 구교황청에서